easy-to-understand

BASIC DISASTER SCIENCE

알기 쉬운

기초 재난학

김병식·이두호 공저

도서출판
구미서관

재난(disaster)이란 별의 불길한 모습을 상징하는 라틴어에서 유래한 말로, 불일치(dis)와 행성(aster)이라는 의미의 단어가 합쳐져서 만들어진 용어다. 일반적으로 재난은 '자연적으로 발생해서 사회와 사회 구성원들에게 해로운 영향을 미치는 통제가 불가능한 것'이라고 정의할 수 있다. 구체적으로는 '국가와 같은 사회조직과 사회 구성원들의 생명과 신체 그리고 재산에 피해를 주거나 줄 수 있는 것'을 재난이라고 할 수 있다. 재난의 유형으로는 크게 자연적으로 발생하는 자연재난과 사회 구조적인 문제로 발생하는 사회재난으로 구분할 수 있다.

재난은 다양하다. 우선 태풍, 홍수, 호우, 강풍, 해일, 대설, 낙뢰, 가뭄, 지진, 황사, 조류대 발생, 화산폭발 등과 같은 자연재난이 있으며 도로, 철도, 항만, 통신, 전기, 원자력, 가스, 상하수도, 금융, 의료 등 다양한 분야에서 여러 종류의 사회적 재난이 있다. 재난 유형의 패러다임은 태풍, 홍수, 지진 등으로 인한 자연재난에서 사회 발전에 따라 화재, 붕괴, 폭발과 같은 사회재난으로 변해왔으며 점차 재난이 복합적으로 다양화·대형화되는 대형복합재난으로 옮겨가는 추세다. 이에 따라 재난관리의 패러다임도 사후적인 재난복구에서 상황전파 등의 재난대응 수준을 넘어 재난예측으로 변화하고 있다. 복합재난은 자연재난과 사회재난이 연쇄 혹은 동시다발적으로 발생하는 재난을 말한다.

"알기 쉬운 기초 재난학" 교재는 다양한 재난의 정의, 원인, 영향 및 대응 방안 등을 그림 등을 통해 매우 쉽게 설명하였으며 재난에 관심이 있는 비전문가를 독자로 하고 있기에, 쉽게 이해할 수 있도록 단순 텍스트 나열이 아니라 이미지와 표 등을 적절히 활용하여 구성되었다.

2023년 9월
강원대학교 교수
김 병 식

목차 Contents

CHAPTER 01

easy-to-understand BASIC DISATER SCIENCE

DEFINATIONS (용어정의)

1 재난(Disaster)

재난(disaster)이라는 용어는 나쁜 의미의 'des'와 별을 의미하는 'aster'의 두 단어가 합쳐진 프랑스어 "Desastre"에서 유래했다. 그러므로 이 용어는 '나쁜 혹은 사악한 별'을 의미한다.

- 재난은 "지역사회나 사회의 기능에 심각한 혼란이 발생하여 영향을 받는 사회가 자체 자원을 사용하여 대처할 수 있는 능력을 초과하는 광범위한 물질적, 경제적, 사회적, 환경적 손실을 초래한다."로 정의 할 수 있다.
- 재난은 위해성, 취약성 및 잠재적인 위험(risk) 가능성을 줄이기 위한 능력 및 대책 부족의 조합으로 인한 결과이다.

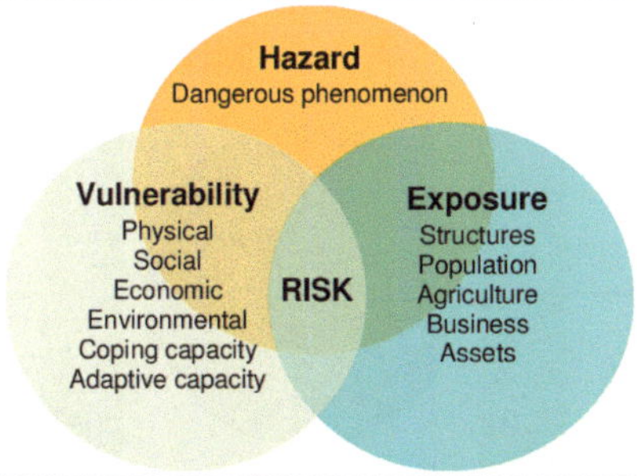

출처 : Mariana Madruga de Brito, Mariele Evers, Britta Höllermann(2017), Prioritization of flood vulnerability, coping capacity and exposure indicators through the Delphi technique : A case study in Taquari-Antas basin, Brazil International Journal of Disaster Risk Reduction

- 재난은 위험이 취약계층에 영향을 미칠 때 피해, 사상자 및 혼란을 발생시킨다. 모든 위험 – 더 큰 취약성(자원부족, 환자 및 노인, 인식 부족 등)과 함께 위해성인 홍수, 지진 또는 사이클론이 발생한다면 인명 및 재산에 더 큰 손실을 초래하는 재해로 이어질 수 있다.

② 위해성(Hazard)

"hazard"라는 단어는 옛프랑스어로 "hasard"라는 단어와 아랍어로 "chance" 또는 "luck"을 의미하는 "az-zahr"라는 단어에 기원을 두고 있다.

- 위해성은 "생명이나 재산 또는 환경에 손상을 입히거나 잠재적으로 위험한 상태 또는 사건"으로 정의 할 수 있다.

- 위해성은 크게 두 가지 범주로 분류할 수 있다:
  ① 자연 위해성
  ② 인적 위해성

출처 : https://www.slideteam.net/disaster-management-process-and-signifiance-power point-presentation-slides.html

- 자연재해는 자연 현상(기상학적, 지질학적 또는 생물학적 기원이 있는 위험)으로 인해 발생하는 위험이다.
  - 자연재해의 예로는 사이클론, 쓰나미, 지진 및 화산 폭발이 있다.
  - 산사태, 홍수, 가뭄, 화재는 그 원인이 자연적이고 인위적이기 때문에 사회-자연적 위험이다.
  - 예를 들어 폭우, 산사태, 또는 인간의 쓰레기로 인한 배수구 차단으로 인해 홍수가 발생할 수 있다.
- 인위적인 위험은 인간의 부주의로 인한 위험이다.
  - 인위적 위험은 산업 또는 에너지 발전 시설과 관련이 있으며 폭발, 유독성 폐기물 누출, 오염, 댐 붕괴, 전쟁 또는 내전 등을 포함한다.

3 다양한 재난의 종류

출처 : https://www.slideteam.net/disaster-management-process-and-signifiance-power point-presentation-slides.html

출처 : https://www.slideteam.net/disaster-management-process-and-signifiance-powerpoint-presentation-slides.html

4 위해성(Hazard)과 재난(Disaster)의 차이점

위해성(Hazard)	재난(Disaster)
위해성은 생명, 건강, 환경 또는 재산에 대한 위협이 있는 상황이다.	재난은 공동체의 정상적인 방식을 완전히 파괴하는 사건이다. 그것은 공동체가 스스로 감당할 수 없는 인간적, 경제적, 환경적 손실을 공동체에 가져온다.
인구가 적은 곳에서 위해성이 발생한다.	재난은 주로 인구과잉지역에서 발생한다.
부주의로 인해 위해성이 발생한다.	재난은 여러 가지 조건으로 인한 자연 행동의 결과이다.
위해성은 우리 행성의 특징이며 예방할 수 없는 자연적이거나 인위적인 현상이다.	이러한 위해성은 재산과 인명을 광범위하게 파괴할 때 재난이라고 한다.
휴면 상태에서, 위해성은 생명과 재산에 위협이 될 뿐이다.	일단 위해성이 활성화되고 더 이상 단순한 위협이 아닌, 그것은 재난이 된다.

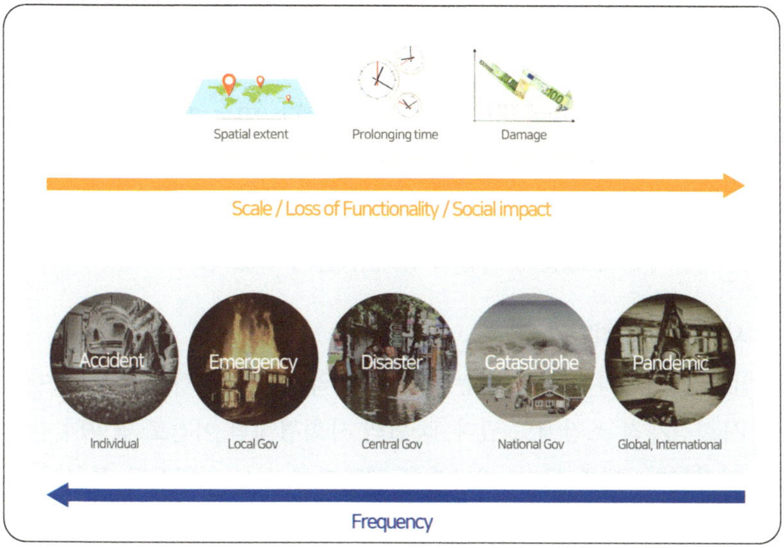

5 취약성(Vulnerability)

취약성은 "지역사회, 구조 및 서비스 또는 지리적 영역이 특정 위해성의 영향으로 인해 손상되거나 중단될 가능성이 있는 정도"로 정의할 수 있다.

- 취약성은 다음과 같이 분류할 수 있다:
  ① 물리적 취약성
  ② 사회경제적 취약성

1) 물리적 취약성

지진이나 홍수와 같은 자연재해에 의해 사람 또는 대상체가 손상되거나 파괴될 수 있는지에 대한 개념을 포함한다. 이는 건물, 인프라 등과 같은 위험에 처한 사람과 요소의 물리적 조건과 위험의 근접성, 위치 및 특성을 기반으로 한다. 또한 위험 사건 동안 건물 및 구조물에 작용하는 힘에 저항하는 구조물의 기술적 능력과 관계가 있다.

2) 사회 경제적 취약성

인구가 위험의 영향을 받는 정도는 취약성의 물리적 요소뿐만 아니라 사회경제적 조건에도 있다. 국민의 사회경제적 여건도 영향의 강도를 결정한다. 예를 들어, 가난하고 해안가에 사는 사람들은 튼튼한 콘크리트 집을 지을 돈이 없다. 그들은 일반적으로 위험에 처해있고 강한 바람이나 사이클론이 있을 때마다 피난처를 잃는다. 가난 때문에 집 또한 재건 할 수 없다.

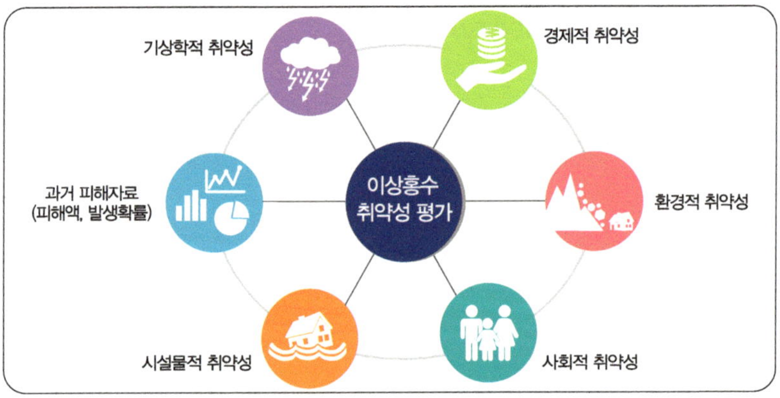

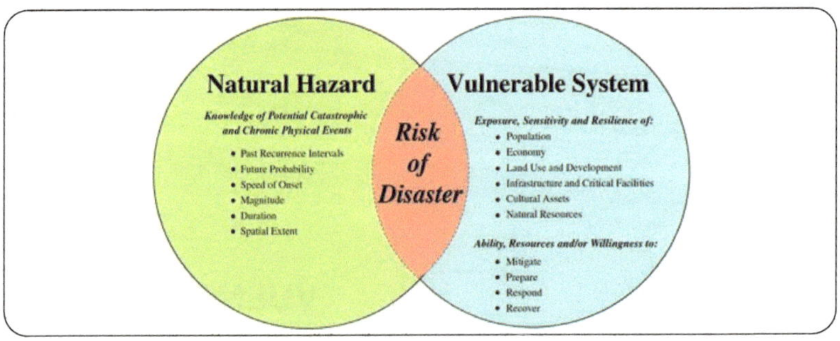

출처 : Brittany Brand, Pamela McMullin-Messier, Unit 1: Hazards, vulnerability and risk

6 역량(Capacity)

역량은 "가정과 지역사회에 존재하며 재난에 대처하고, 견딜 수 있고, 대비하고, 예방하며, 완화 또는 신속하게 복구할 수 있는 자원, 수단 및 강점"으로 정의 할 수 있다.

▸ 역량은 다음과 같다:

① 물리적 역량

② 사회경제적 역량

1) 물리적 역량

사이클론으로 집이 파괴되거나 홍수로 농작물이 파괴된 사람들은 집과 농장에서 물건을 회수할 수 있다. 일부 가족 구성원들은 일시적이거나 영구적으로 이주할 경우 일자리를 찾을 수 있는 기술을 가지고 있다.

2) 사회경제적 역량

대부분의 재난에서 사람들은 물리적, 물질적 영역에서 가장 큰 손실을 입는다. 부유한 사람들은 그들의 재산으로 빠르게 회복할 수 있는 능력을 가지고 있다. 사실, 그들은 안전한 지역에 살고 있고 그들의 집은 더 강한 재료로 지어졌기 때문에 재난의 피해를 거의 입지 않는다.

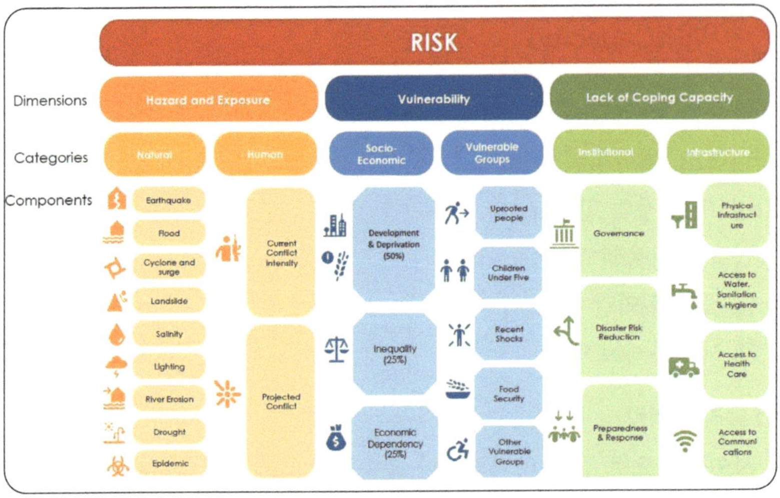

출처 : https://www.preventionweb.net/understanding-disaster-risk/component-risk/disaster-risk

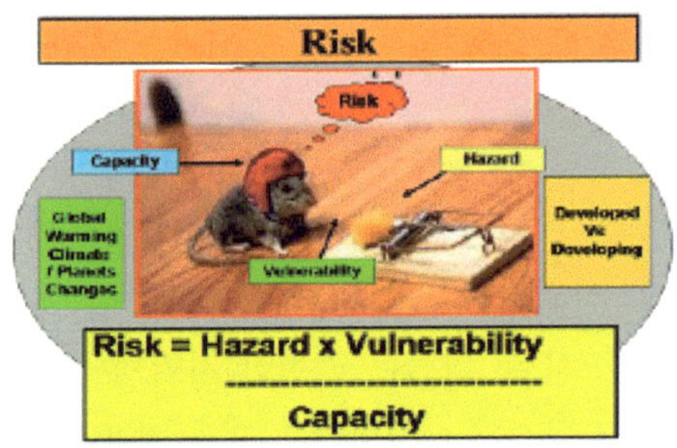

7 위험(Risk)

위험은 "특정 기간 동안 특정 지역에서 발생하는 위험 이벤트로 인한 예상 손실의 척도이다. 위험은 특정 위험 사건의 일어날 확률과 각각이 초래할 손실의 함수이다."로 정의할 수 있다.

- 위험 수준은 다음에 따라 달라진다:
  ① 위험의 성격
  ② 영향을 받는 요소의 취약성
  ③ 이러한 요소들의 경제적 가치

▸ 지역/공동체가 위험에 노출되어 그 영향으로 인해 악영향을 받을 가능성이 있는 경우 '위험'에 처해 있다고 한다.

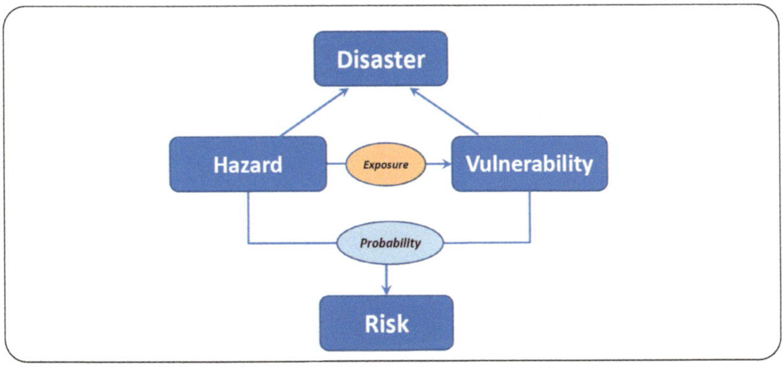

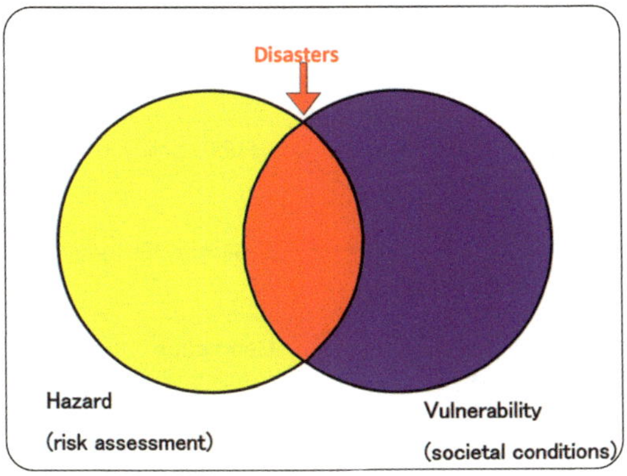

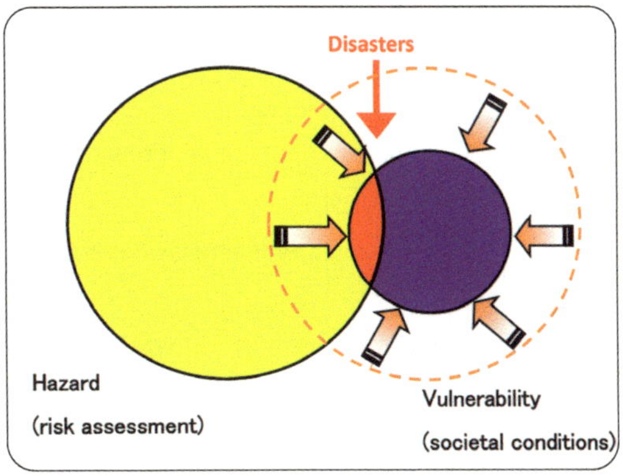

⑧ 재난 위험 감소

재해 위험 감소는 다음과 같은 방법으로 발생할 수 있다.

1) 대비(Preparedness)

이 보호 프로세스는 정부, 지역사회 및 개인이 재난 상황에 효과적으로 대처하기 위해 신속하게 대응할 수 있는 조치를 포함한다. 대비에는 실행 가능한 비상 계획의 수립, 경고 시스템의 개발, 재고 유지 및 직원

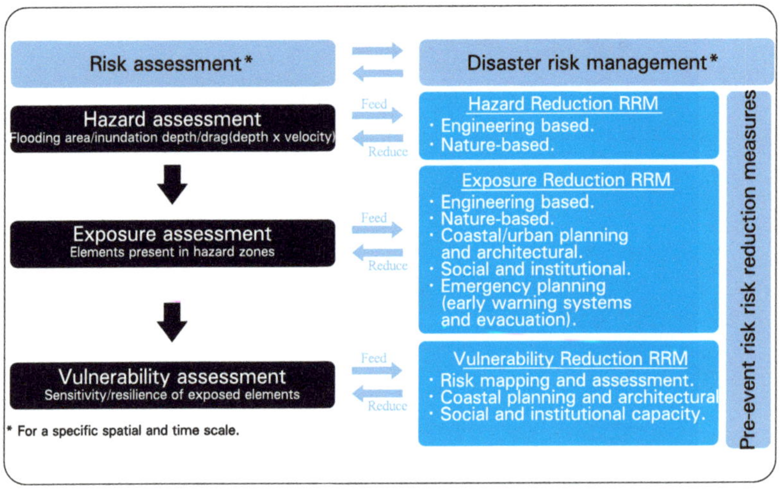

출처 : Ignacio Aguirre-Ayerbe, M.s. Jara, Íñnigo Aniel-Quiroga(2018), From tsunami risk assessment to disaster risk reduction - The case of Oman, Natural Hazards and Earth System Sciences

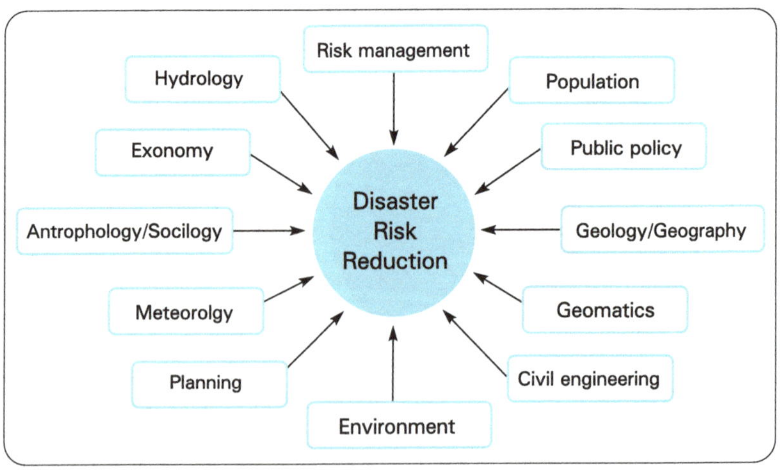

출처 : P Baldock, D Burdett, Pierce Corcoran(2009)An Integrated Approach for Disaster Risk Reduction Using Spatial Planning and SDI Platform. In: Ostendorf B AN INTEGRATED APPROACH FOR DISASTER RISK REDUCTION USING SPATIAL PLANNING AND SDI PLATFORM, roceedings of the Surveying & Spatial Sciences Institute Biennial International Conference

교육이 포함된다. 준비는 또한 반복적인 재난으로부터 위험에 처할 수 있는 지역에 대한 대피 계획 뿐만 아니라 수색과 구조 조치도 포함할 수도 있다. 따라서 준비는 재난이 발생했을 때 인명 손실, 중요 서비스 중단 및 피해를 최소화하기 위한 목적으로 재난 사건 전에 취해지는 조치를 포함한다.

2) 예방(Mitigation)

예방은 미래 재난의 규모를 줄이기 위한 위험과 취약한 조건의 영향을 줄이기 위해 취해진 조치를 포함한다. 따라서 예방 활동은 위험 자체 또는 위협에 노출된 요소에 초점을 맞출 수 있다. 위험에 특정한 완화 조치의 예로는 가뭄이 발생하기 쉬운 지역의 물 관리, 위험이 발생하기 쉬운 지역에서 사람들을 이동시키고 위험이 발생했을 때 피해를 줄이기 위한 구조를 강화하는 것이 있다. 이러한 물리적 조치 외에도 완화는 잠재적 재난의 경제적, 사회적 취약성을 줄이는 것을 목표로 해야 한다.

9 재난 관리 주기(Disaster Management Cycle)

재난 위험 관리는 재난을 피하거나, 그 영향을 줄이거나, 손실로부터 복구하기 위한 목적으로 재해 전, 재해 중 및 재해 후에 취할 수 있는 모든 활동, 프로그램 및 조치의 합계를 포함한다.

- 재해 위험 관리 내에서 수행되는 세 가지 주요 활동 단계는 다음과 같다:

  ① 재난 발생 전
  ② 재난 발생 중
  ③ 재난 발생 후

1) 재난 발생 전(Before a disaster)

잠재적 위험으로 인한 인적 및 재산 손실을 줄이기 위해 취해진 활동을 포함한다. 예를 들어, 인식 캠페인 수행, 기존의 취약한 구조 강화,

가정 및 지역사회 차원에서 재난 관리 계획 준비 등, 이 단계에서 취해진 이러한 위험 감소 조치를 완화 및 준비 활동이라고 한다.

2) 재난 발생 중(During a disaster)

재난 발생은 피해자들의 수요와 공급이 충족되고 고통이 최소화 되도록 하기 위해 취해진 조치들을 포함한다. 재난 발생 단계에서 이루어지는 활동을 비상 대응 활동이라고 한다.

3) 재난 발생 후(After a disaster)

재난 발생 이후는 재난이 발생한 직후 피해 지역사회의 조기 복구 및 복구를 달성하기 위한 목적으로 재난에 대응하여 취해진 조치를 포함한다. 이러한 활동을 대응 및 복구 활동이라고 한다.

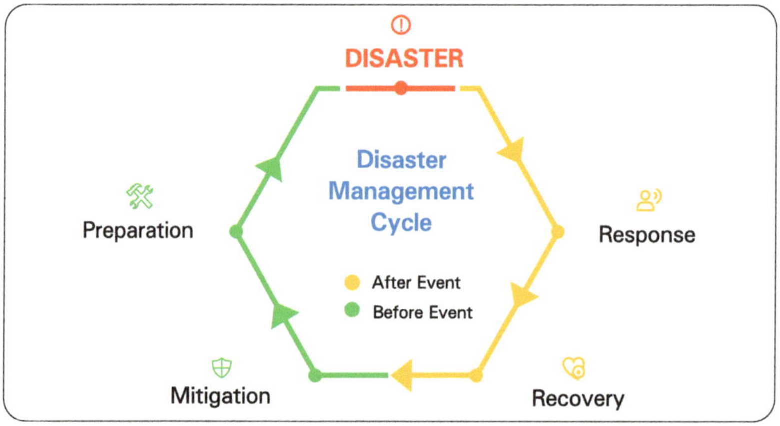

출처 : https://www.bbntimes.com/environment/is-deep-learning-useful-for-disaster-management

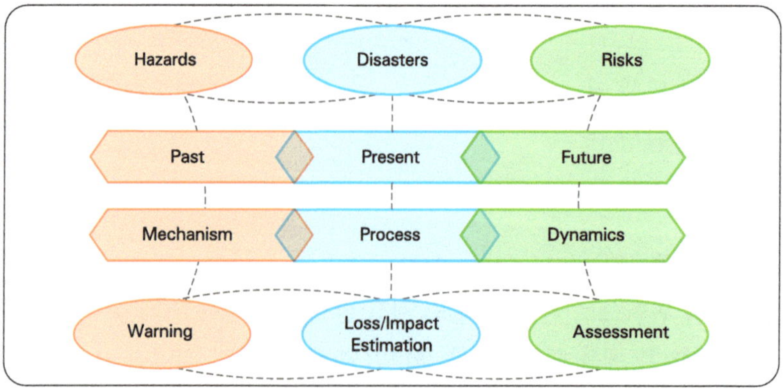

CHAPTER 02 EARTHQUAKE(지진)

1 정의(Definition)

지진은 지각이 갑자기 흔들리는 것으로 정의될 수 있고 가장 파괴적인 자연재해다. 연중 낮이든 밤이든 언제든 갑작스러운 충격과 경고 없이 발생할 수 있다.

출처 : https://www.sciencephoto.com/media/167233/view/illustration-of-an-18th-century-earthquake
https://ko.wikipedia.org/wiki/%ED%81%B0%EB%A9%94%EA%B8%B0

2 지진의 원인(Cause of Earthquake)

지각은 해저 약 10km에서 대륙 아래 65km에 이르는 다양한 두께의 암석층이다. 지각은 한 조각이 아니라 크기가 수백 킬로미터에서 수천 킬로미터까지 다양한 '판'이라고 불리는 부분으로 구성된다. '판 구조론 이론'은 판이 더 움직이는 맨틀을 타고 올라가는 아직 확인되지 않은 메커니즘으로 아마도 열 대류 전류에 의해 구동된다고 주장된다. 이 판들이 서로 접촉하면 지각에 압박이 가해진다.

- 이러한 응력은 판 경계를 따라 움직이는 유형에 따라 분류할 수 있다:

  ① 두 개의 판이 서로 멀어지는 경우

  ② 두 판이 서로 미는 경우

  ③ 서로의 판이 옆으로 슬라이딩 하는 경우

  이 모든 움직임은 지진과 관련이 있다.

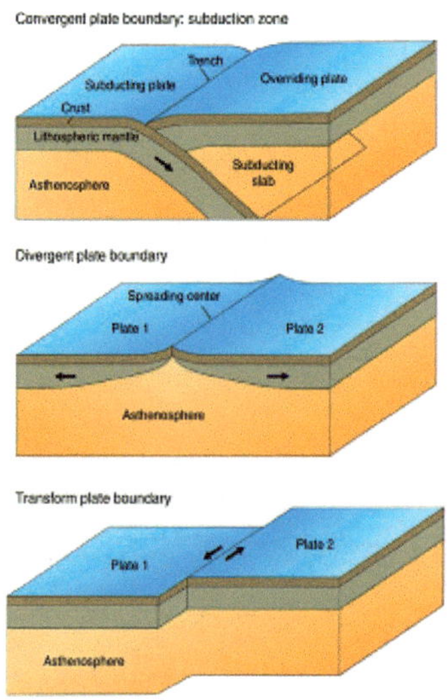

수렴 – 한 판이 다른 판 아래로 들어가면서 지각이 파괴 되는 곳.

발산 – 판이 서로 멀어지면서 새로운 지각이 생성되는 곳.

변형 – 판이 서로 수평으로 미끄러질 때 지각이 생성 되거나 파괴되지 않는 곳.

출처 : Joao C. Duarte, Wouter P. Schellart(2016) Introduction to Plate Boundaries and Natural Hazards, Plate Boundaries and Natural Hazards

미끄러지거나 파열되어 축적된 에너지를 방출하는 판 경계의 응력 영역을 '단층'이라고 한다. '탄성'이론에 따라서 지각이 지각판의 움직임에 의해 지속적으로 압박을 받게 되고 결국 최대 변이점에 도달한다. 파열이 발생한 다음 단층 및 암반은 변형이 완화될 때까지 자체 탄성 응력 하에서 회복한다. 단층 파열은 지진파(충격 또는 지진을 의미하는 그리스어 'seismos'에서 유래)라고 하는 진동을 생성하며, 이는 초점에서 모든 방향으로 방사된다. 파열 지점을 'focus(초점)'라고 하며 표면 근처 또는 그 아래 깊숙이 위치할 수 있다. 초점 바로 위의 표면 지점을 지진의 '진원지'라고 한다.

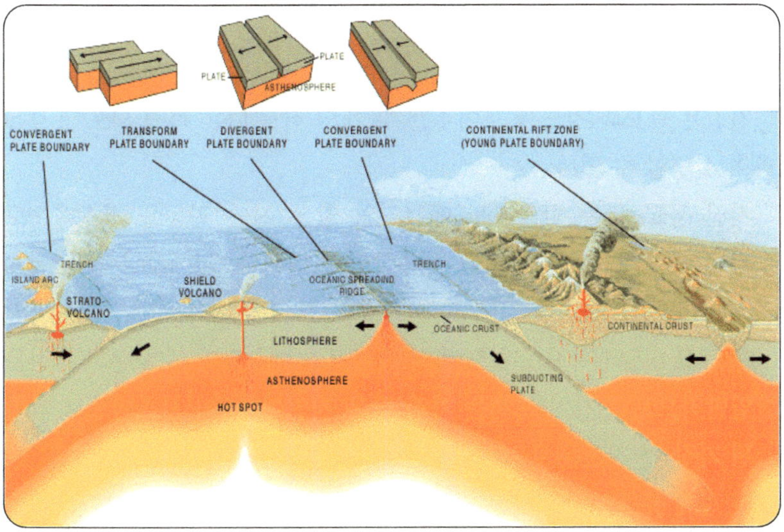

출처 : https://ko.m.wikipedia.org/wiki/%ED%8C%8C%EC%9D%BC:Tectonic_plate_boundaries.png

- 지진은 초점 깊이에 따라 세 가지 유형이 될 수 있다:
  ① 깊은 곳 : 지구 표면에서 300-700km
  ② 중간 : 60-300km
  ③ 얕은 곳 : 60km 미만
- 깊은 초점의 지진은 파도가 표면에 도달할 때까지 충격이 감소하기 때문에 파괴적이지 않다. 얕은 초점 지진은 표면과 근접하기 때문에 매우 피해가 크고 흔하게 발생한다.

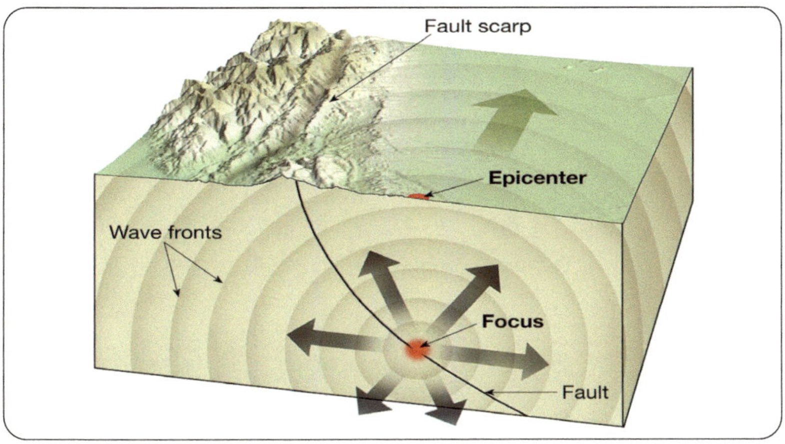

③ 지진의 측정(Measurement of Earthquake)

지진은 규모와 강도를 보여주는 두 개의 서로 다른 측정 척도를 사용하여 설명할 수 있다.

- 지진 규모 또는 방출되는 에너지의 양은 지면 진동을 지속적으로 기록하는 기기인 지진계를 사용하여 결정된다. 이 규모는 Charles Richter라는 지진 학자에 의해 개발되었다. 리히터 규모 7.5의 지진은 규모 6.5의 지진보다 30배의 에너지를 방출한다. 규모 3의 지진은 일반적으로 인간이 느끼는 가장 작은 지진이다. 이 시스템으로 기록된 가장 큰 지진은 9.25이다(알래스카, 1969 및 Chile, 1960).
- 두 번째 유형인 진도계는 지진이 발생한 곳의 영향을 측정한다. 1902년 메르칼리 이탈리아 지진학자가 개발한 척도가 가장 널리 사용된다. 그 척도는 시간 흐르면서 확장되고 수정되어왔다. 수정 메르칼리 척도라고 불리며, 사람, 구조물, 그리고 지구 표면에 미치는 지진 효과의 강도를 I부터 XII까지의 값으로 표현한다. 진도 VI 이하에서는 대부분의 사람들이 흔들림을 느낄 수 있고 벽에 균열이 발생하지만 진도 XII에서는 건물이 완전히 무너지고 일상생활에 지장을 초래하는 공황상태가 일반적으로 발생한다.

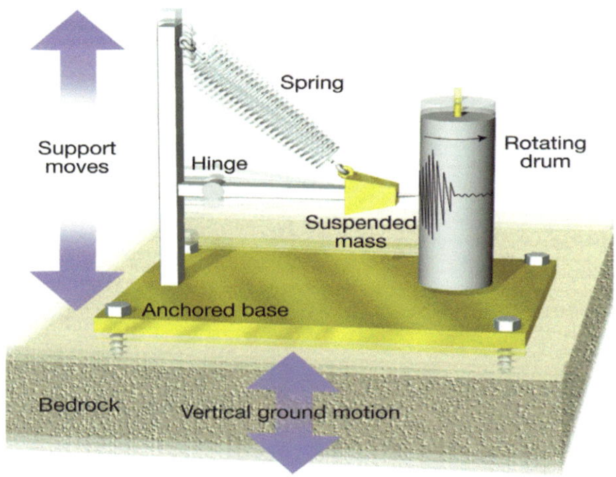

출처 : http://sonaki.pe.kr/earth1/txt/1323.html

4 일반적인 피해영향(Typical Adverse effects)

거주지, 건물, 구조물 및 기반 시설, 특히 교량, 고가 도로, 철도, 급수탑, 파이프라인, 발전시설에 피해가 발생한다.

지진의 여진은 이미 약화된 구조물에 훨씬 더 큰 피해를 줄 수 있다.

2차 영향으로는 화재, 댐 고장 및 산사태가 있으며, 이는 수로를 막고 홍수를 일으킬 수 있다.

위험 물질을 사용하거나 제조하는 시설에 피해가 발생하여 화학 물질이 유출될 수 있다.

통신 설비의 고장이 발생할 수 있다.

공학적으로 설계가 부실한 건축물과 근처의 사람으로 인해 많은 사상자가 발생한다. 지진으로 사망하거나 피해를 입은 사람들의 약 95%는 건물 붕괴 때문이다.

또한 피해 지역의 공중 보건 시스템, 교통 및 통신, 물 공급에 막대한 손실이 발생한다.

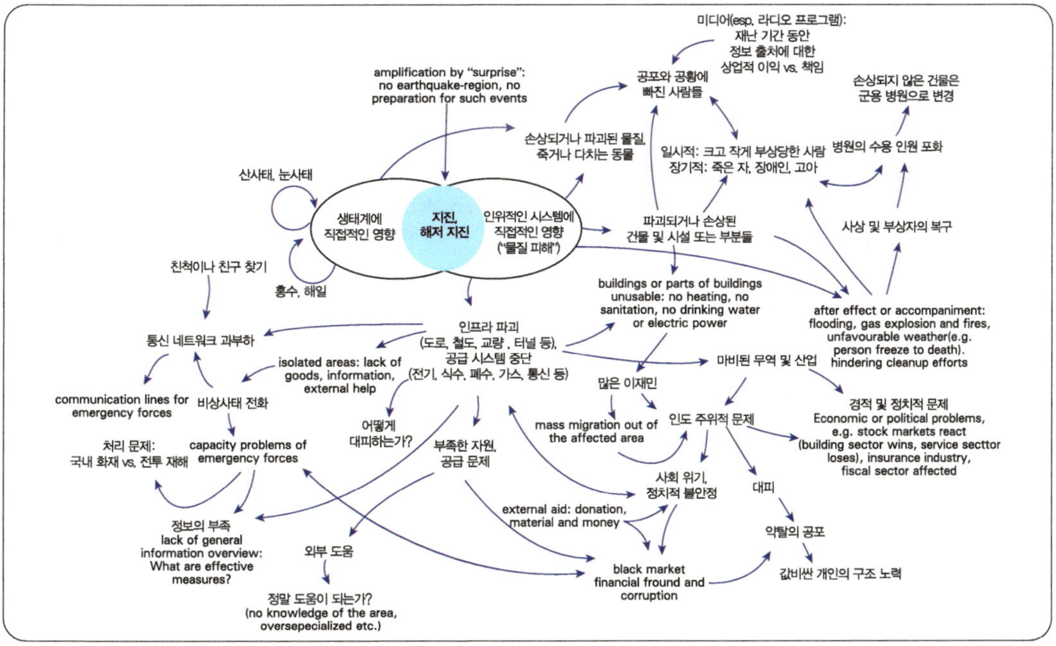

출처 : https://m.sedaily.com/NewsView/1RVM1MC1A6#cb
https://apps.peer.berkeley.edu/grandchallenge/home/https://kalchi09.tistory.com/entry/%EC%A7%80%EC%A7%84%ED%8C%8C-P%ED%8C%8C%EC%99%80-S%ED%8C%8C-%EC%9D%B4%ED%95%B4%ED%95%98%EA%B8%B0

Fire in a city center

Collapsed houses

Damaged office building

Damaged railway track

Collapsed viaducts of an expressway

출처 : Incorporating Science and Technology for Disaster Reduction, the Japanese Experience Satoru NISHIKAWA Ph.D Executive Director of Research, JCADR Advisory Group to SRSG on the Post-2015 Framework for Disaster Risk Reduction Member, Science Council of Japan Academic Board Member, Institute of Social Safety Science February 2018

⑤ 가능한 위험 감소 조치(Possible risk reduction measures)

1) 지역사회 대비(Community preparedness)

지역사회 대비는 지진 영향을 완화하는 데 매우 중요하다. 약간의 흔들림에도 자신을 구하는 가장 효과적인 방법은 'DROP(낮은 자세로 단단한 물건 아래로 대피하는 행위), COVER(머리, 목 등을 감싸는 행위), HOLD(움직이지 않는 상태로 대기)'이다.

2) 계획(Planning)

지진에 대비한 건물의 안전한 건축을 위한 건축 법규 및 지침을 발표했다. 건물을 짓기 전에 정해진 내규에 따라 시 당국이 건물 계획을 확인해야 한다. 병원, 학교 및 소방서와 같은 기존의 많은 라이프라인 건물은 지진 안전 조치로 건설되지 않을 수도 있다. 이러한 건물들의 지진 안전성은 보강공법으로 보완되어야 한다.

출처 : Incorporating Science and Technology for Disaster Reduction, the Japanese Experience Satoru NISHIKAWA Ph.D Executive Director of Research, JCADR Advisory Group to SRSG on the Post-2015 Framework for Disaster Risk Reduction Member, Science Council of Japan Academic Board Member, Institute of Social Safety Science February 2018, https://www.korea.kr/news/examPassView.do?newsId=148687097#examPass

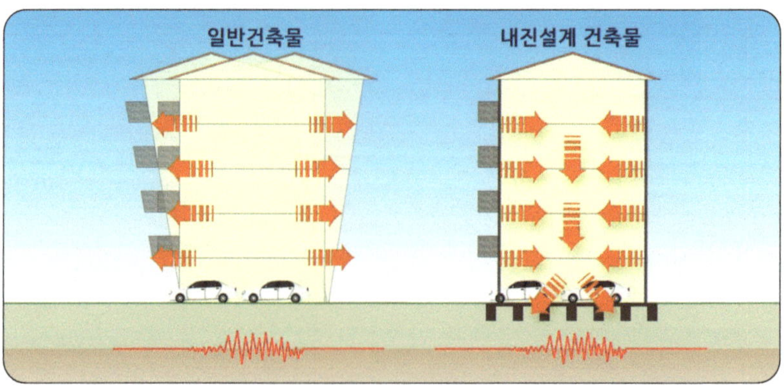

출처 : https://m.post.naver.com/viewer/postView.nhn?volumeNo=13287197&memberNo=31087466&navigationType=push%20edited%20by%20kcontents

3) 공교육(Public education)

공교육은 지진의 원인과 특성, 대비책 등을 국민에게 교육하는 것이다. 지역사회, 건축가, 엔지니어, 건설업자, 석공, 교사, 공무원 및 학생을 위한 교육프로그램을 통해 진행될 수 있다.

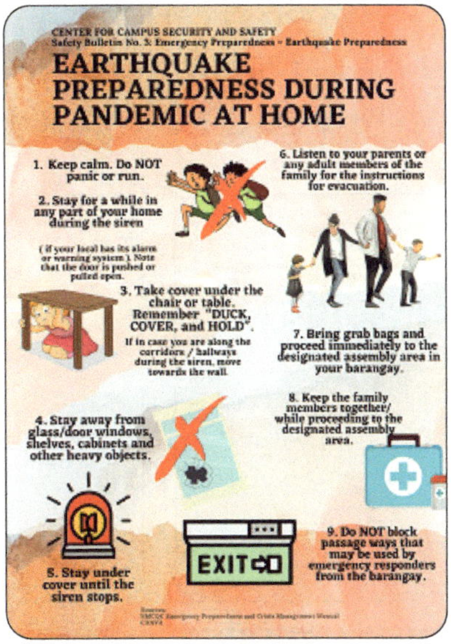

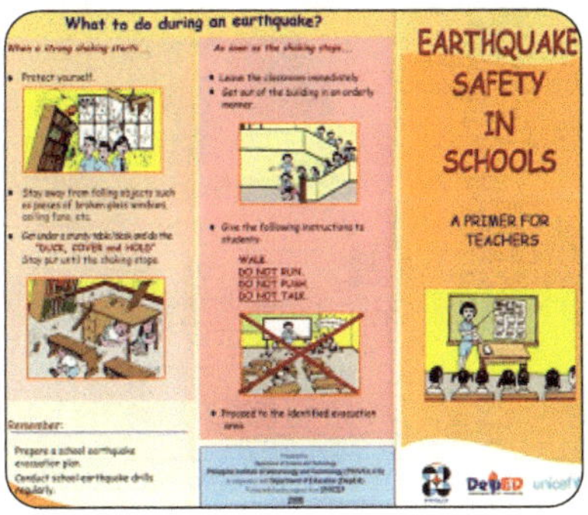

출처 : https://www.shakeout.org/schools/
https://smcqc.edu.ph/news/safety-bulletin-no-3-emergency-preparedness-earthquake-preparedness
https://www.slideshare.net/mae_1885/earthquake-safety-in-schools-philippines
https://www.istockphoto.com/kr/%EB%B2%A1%ED%84%B0/%EC%A7%80%EC%A7%84-%EC%95%88%EC%A0%84-%EC%A0%88%EC%B0%A8-gm474985235-35332546

4) 공학적 설계(Engineered structures)

건물은 지반의 흔들림을 견디기 위해 법에 따라 설계되고 건설되어야 한다. 건축 및 건축자재는 건물 설계 및 시공 관행을 개선하기 위해 통합되어야 하고 공사 전에 흙의 종류에 대한 분석이 필요하다. 연약지반 위의 건물들은 지진의 규모가 강하지 않더라도 피해를 입을 가능성이 높기 때문에 연약지반 위에 건물을 짓는 것은 피해야 한다. 충적토가 있는 하안에 건설된 건물에서도 유사한 문제가 지속되고 있다.

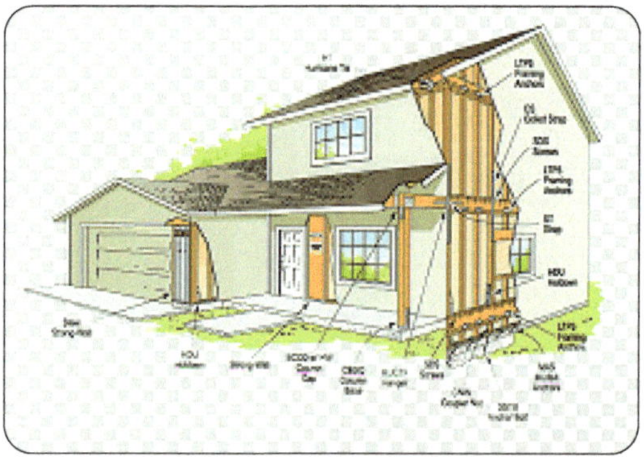

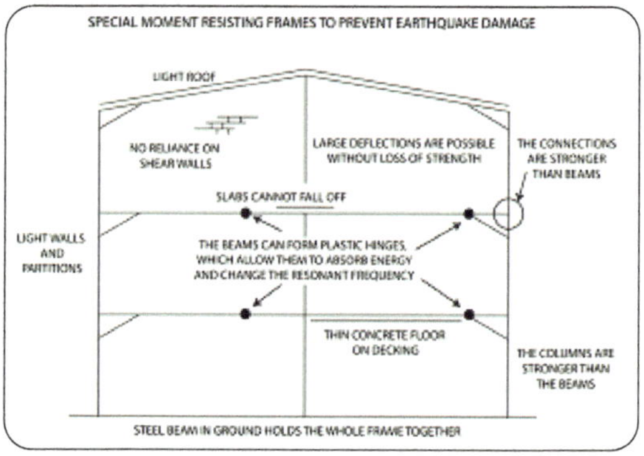

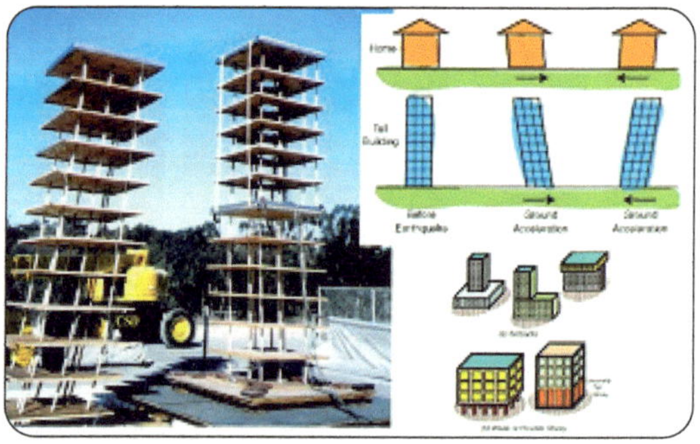

출처 : https://www.pngegg.com/en/png-orodx
https://www.reidsteel.com/steel-buildings/resilient-steel-structures/earthquake-resistant-building/
http://www.ingciv.polimi.it/en/percorsi/earthquake/
https://www.linkedin.com/pulse/how-houses-built-earthquake-resistant-asad-ali

CHAPTER 03 TSUNAMI(쓰나미)

1 정의(Definition)

쓰나미라는 용어는 항구를 의미하는 일본어 "쓰"와 파도를 의미하는 "나미"에서 파생되었다. 쓰나미는 일반적으로 해일이라고 불리지만 실제로는 조수와 관련이 없다. 멀리 있는 해안까지 영향을 미치는 이 파도는 지진 활동, 산사태, 화산 폭발 또는 큰 유성체 충돌에 의해 호수나 바다에서 물의 빠른 이동으로 발생한다. 원인이 무엇이든 바닷물은 강한 움직임과 큰 물결로 바뀌어서 엄청난 파괴력을 가지고 육지로 밀려온다.

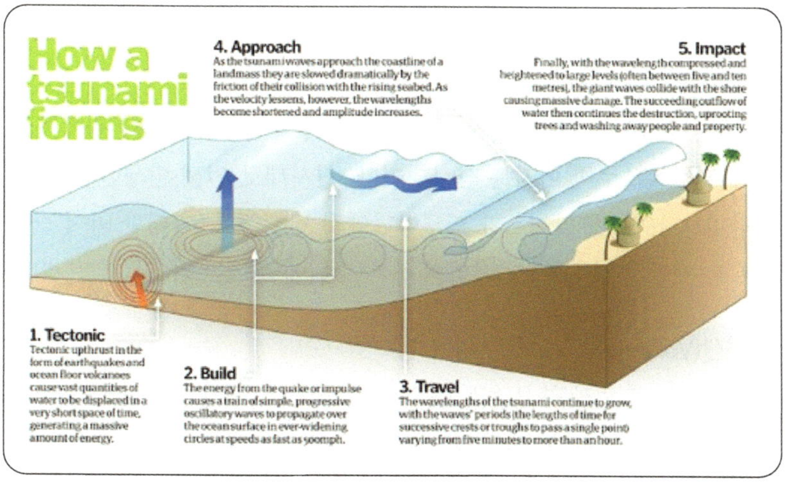

출처 : https://www.howitworksdaily.com/how-a-tsunami-works/

② 쓰나미의 원인(Causes of Tsunami)

쓰나미를 일으키는 지질학적 움직임은 세 가지 주요 방식으로 발생한다.

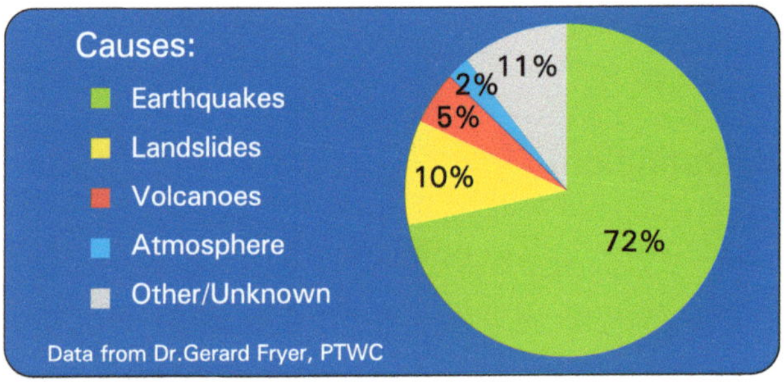

출처 : http://tsunami.org/what-causes-a-tsunami/

1) 지진(Earthquake)

가장 일반적으로 발생하는 요인은 지진을 동반한 해저에서의 단층운동이다. 단층운동은 엄청난 양의 에너지를 방출하고 바다를 움직일 수 있는 능력을 가지고 있다. 이동 정도는 지진이 얼마나 빨리 발생하고 얼마나 많은 물이 이동하는지에 따라 다르다.

2) 산사태(Landslide)

쓰나미의 두 번째로 흔한 원인은 물속에서 발생하거나 바다 위에서 발생하여 물속으로 떨어지는 산사태이다. 산사태로 인해 발생한 가장 큰 쓰나미는 1958년 알래스카 리투야만에서 발생했다. 거대한 암석 슬라이드는 해안선 위 50-150미터의 높은 수위에 도달한 파도를 일으켰다.

3) 화산(Volcano)

쓰나미의 세 번째 주요 원인은 화산 활동이다. 해안 근처나 물속에 위치한 화산의 측면부는 단층의 작용과 유사하게 융기되거나 함몰될 수 있으며, 화산이 실제로 폭발할 수 있다. 1883년 인도네시아의 유명한 화산 크라코토아(Krakotoa)의 격렬한 폭발은 자바와 수마트라를 강타한 40미터 크기의 쓰나미를 일으켰다. 36,000명 이상의 사람들이 이 파도로 목숨을 잃었다.

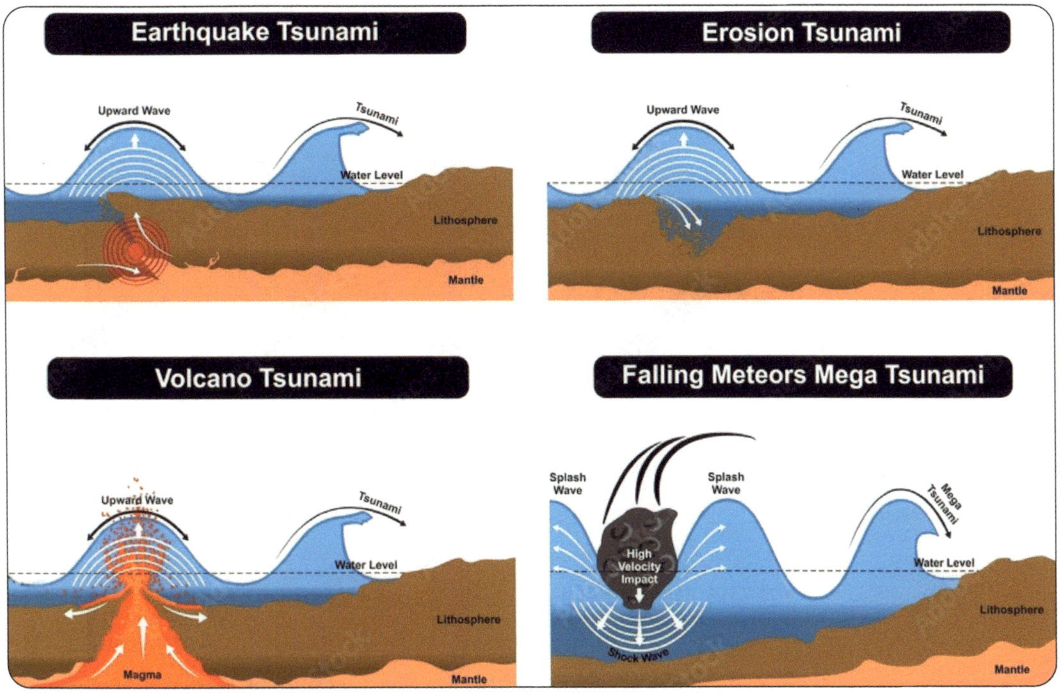

출처 : https://stock.adobe.com/kr/search?k=Tsunami+Disaster+Formation+Diagram&search_type=usertyped&asset_id=502748349

3 예측(Predictability)

쓰나미 경보에는 두 가지 유형이 있다.

① 국제 쓰나미 경보 시스템(International Tsunami Warning Systems)

② 지역 경고 시스템(Regional Warning Systems)

1) 국제 쓰나미 경고 시스템(International Tsunami Warning Systems)

1946년 힐로 쓰나미 이후 태평양 쓰나미 경보 센터(PTWC)에서 태평양 쓰나미 경보 시스템(PTWS)을 개발하였다. PTWC는 쓰나미가 덮치기 몇 시간 전에 국가들에게 경보를 줄 수 있다. 이 경보에는 쓰나미가 경보된 해안가 지역에 쓰나미 예측 도달시간을 포함하고 있다. 또한 다른 지역에도 후속으로 발생한 쓰나미에 대하여 도착 시간과 함께 쓰나미 주의보를 발령한다.

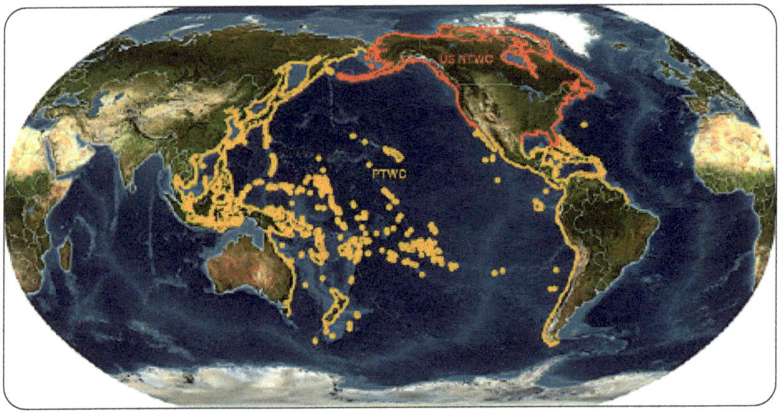

출처 : https://www.noaa.gov/jetstream/tsunamis/detection-warning-and-forecasting

2) 지역 경보 시스템(Regional Warning Systems)

일반적으로 인근에서 발생한 지진 데이터를 이용하여 쓰나미의 위험이 있는 지역을 결정한다. 이 시스템은 15분 이내에 국민들에게 경보를 제공할 수 있다. 해안을 따라 밀물과 썰물에 의한 해수면의 오르내림을 측정하는 장치를 이용하여 조류계 네트워크를 감시하며 조류계의 일상적인 유지관리는 항만 당국의 도움을 받아 수행된다. 해일은 조석계 외에도 레이더를 이용해 감지할 수 있다. 2004년 인도양 쓰나미는 4대의 레이더로부터 데이터를 기록하였고 지진 발생 2시간 후 쓰나미의 높이를 기록했다. 인도양 쓰나미에 대한 위성 관측은 데이터를 처리하는데 5시간이 걸렸고 당시 위성이 우연히 상공에 있었기 때문에 경보를 하는데 아무런 도움이 되지 않았을 것이라는 점에 유의해야 한다. 그러나 미래에는 우주 기반 관측이 쓰나미 경보에 직접적인 역할을 할 수도 있다.

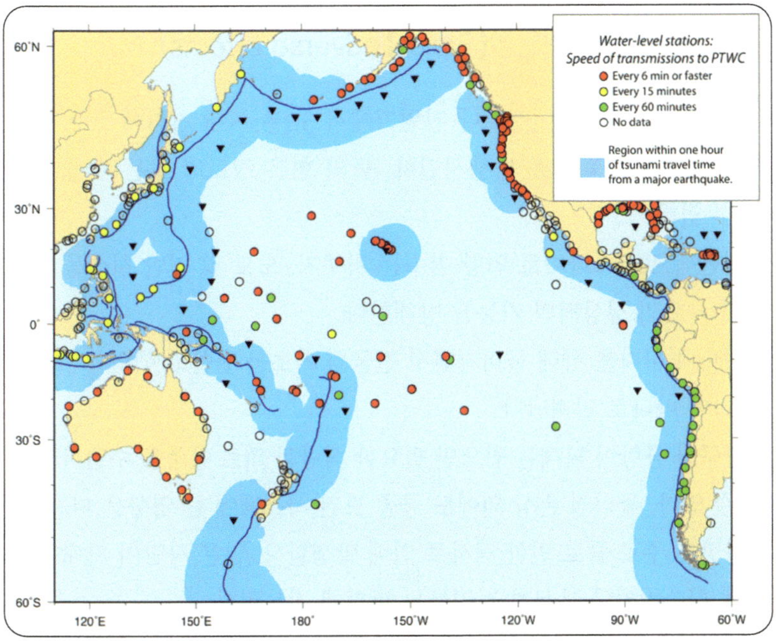

출처 : David M. Johnston, ,Massey University, Douglas Paton(2005), Measuring tsunami preparedness in coastal Washington, Natural Hazards

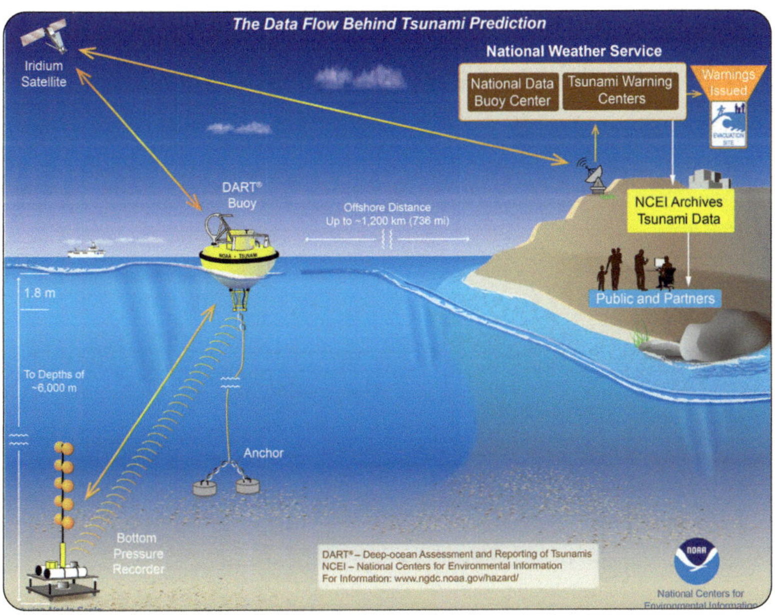

출처 : https://www.un-spider.org/satellite-telecommunications-tsunami-early-warning-systems

④ 일반적인 피해영향(Typical adverse effects)

국지적인 쓰나미 이벤트나 진원지에서 30분 이내 거리에 있는 이벤트가 대부분의 피해를 발생시킨다. 물의 힘은 경로의 모든 것을 파괴할 수 있다.

일반적으로 쓰나미로 인한 침수는 거주지, 도로 및 기반 시설을 파괴시켜 사회의 정상적인 기능을 방해한다.

파도가 바다를 향해 물러가면서 건물의 기초를 휩쓸고 해변이 파괴되고 집이 바다로 밀려난다.

항구와 공항이 피해를 입으면 필요한 식량과 의료 용품을 수입하지 못할 수 있다. 물리적 손상 외에도 공중 보건 시스템에 큰 영향을 미친다.

사망은 주로 물로 인한 익사로 인해 발생한다. 많은 사람이 거대한 파도에 휩쓸리거나 부서지고 일부는 파편에 짓눌린다.

식수의 가용성은 항상 재난의 영향을 받는 지역에서 주요한 문제이다.

하수관이 손상되어 주요 하수 처리 문제가 발생할 수 있다.

개수 및 기타 지하수는 염수와 이물질 및 하수에 의해 오염될 수 있다.

지역의 홍수는 농작물 손실, 보트 및 그물과 같은 생계 손실, 환경 파괴 등으로 이어질 수 있다.

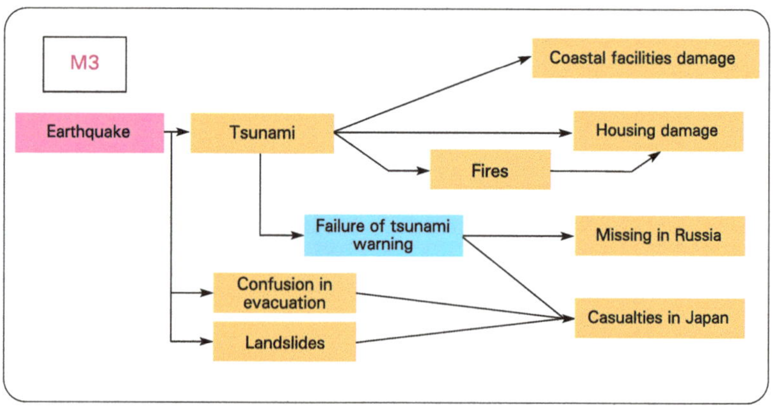

출처 : Anawat Suppasri, Elizabeth Maly, Miwako Kitamura(2021), Cascading disasters triggered by tsunami hazards: A perspective for critical infrastructure resilience and disaster risk reduction, International Journal of Disaster Risk Reduction

출처 : https://news.sbs.co.kr/news/endPage.do?news_id=N1001113342
https://www.bbc.com/korean/news-45715212
https://post.naver.com/viewer/postView.nhn?volumeNo=29252170&memberNo=40848952&searchKeyword=%ED%95%B4%EC%96%91%EC%98%A4%EC%97%BC&searchRank=185

5 가능한 위험 감소 조치(Possible risk reduction measures)

쓰나미가 발생하기 쉬운 특정 국가에서는 해안가에서 발생하는 피해를 줄이기 위한 조치가 취해졌다. 일본은 인구가 밀집한 해안 지역 앞에 최대 4.5m(13.5ft) 높이의 쓰나미 벽을 건설하는 대형 프로젝트를 시행했다. 이 장벽은 쓰나미의 속도를 늦추고 완화시키는데 성공했을 수도 있지만, 주요한 파괴와 인명 손실을 막지는 못했다. 다른 지역들은 들어오는 쓰나미로부터 물의 방향을 바꾸기 위해 수문과 수로를 건설했다.

6 부지계획 및 토지관리(Site Planning and Land Management)

현장 계획은 특정 현장의 위치, 구성 및 개발의 정도를 결정하므로 쓰나미 위험을 줄이는 데 중요한 도구이다.

농업, 공원 및 레크리에이션 또는 홍수터와 같은 자연 위험지역과 같이 개방 공간에 대하여 쓰나미 위험 지역의 지정 및 구역 설정은 첫 번째 토지 사용 계획 전략으로 권장된다. 이 전략은 위험 지역에서 개발을 최소화하도록 설계되었다.

토지를 개방 공간 용도로 제한하는 것이 불가능한 지역에서는 다른 토지 사용 계획 조치를 취할 수 있다. 여기에는 위험 지역에서 허용되는 개발 및 사용 유형을 전략적으로 제어하고, 높은 가치와 높은 점유율 사용을 전략적으로 피하는 것이 포함한다.

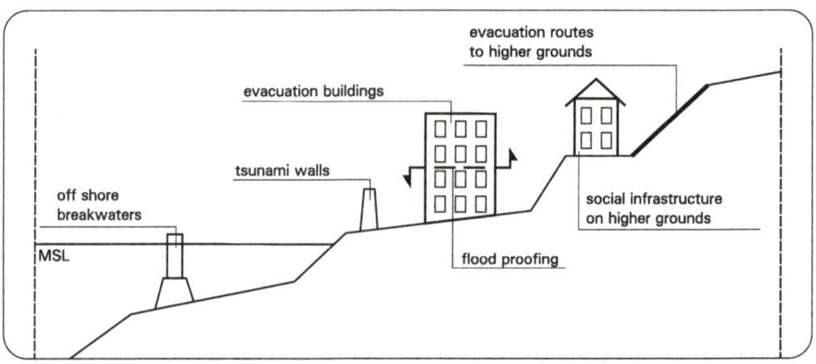

출처 : S.N. Jonkman, Tomohiro Yasuda, Vana Tsimopoulou(2012), ADVANCES IN COASTAL DISASTERS RISK MANAGEMENT-LESSONS FROM THE 2011 TOHOKU TSUNAMI, Coastal Engineering Proceedings

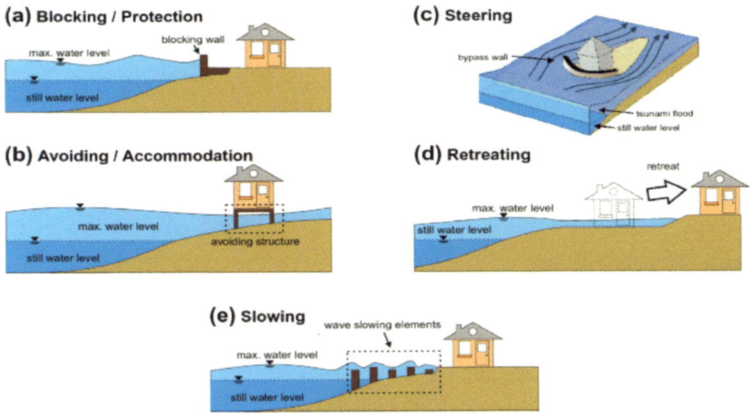

출처 : https://www.un-spider.org/satellite-telecommunications-tsunami-early-warning-systems

7 공학적 설계(Engineering structures)

어업을 주로 하는 지역사회는 대부분 해안 지역에서 위치하고 있다. 이 지역의 건물은 공학적인 요소가 없는 경량 소재가 주를 이룬다.

따라서 다음과 같은 우수한 건설 시행에 대해 지역사회에 교육할 필요가 있다.

- **부지 선택** : 해안선에서 수백 피트 이내의 건물에 건물을 짓거나 살지 않아야 한다. 이 지역은 쓰나미로 인한 피해를 입을 가능성이 더 높다.
- 평균 해수면보다 더 높은 지면에 구조물을 건설한다.
- **해안 주택 높이기** : 대부분의 쓰나미 파도는 높이가 3미터 미만이다. 집을 높이면 대부분의 쓰나미로 인한 재산 피해를 줄이는 데 도움이 된다.
- 파도의 속도를 줄이기 위한 물막이 시공을 한다.
- 건축용 방수 및 부식 방지 재료를 사용한다.
- 지반이 높은 위치에 재난 발생시 대피소 역할을 할 수 있는 마을 회관을 건설한다.

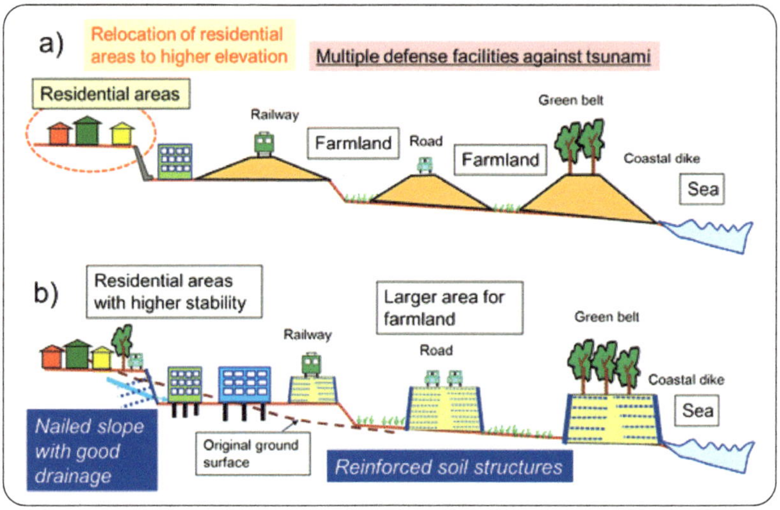

8 홍수 관리(Flood management)

쓰나미로 인하여 홍수가 발생하며 해안 지역에 범람을 유발한다. 이에 홍수 완화 조치가 포함되어야 한다.

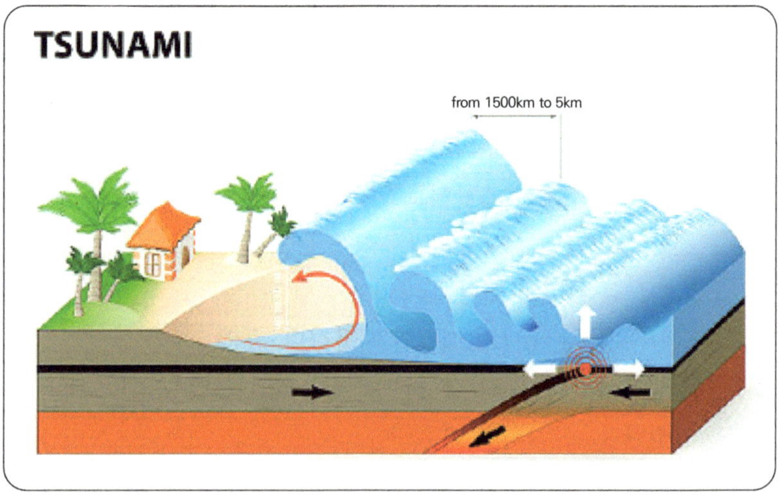

출처 : https://www.shutterstock.com/ko/image-illustration/tsunamis-generated-by-submarine-earthquakes-travel-490135354

CHAPTER 04 CYCLONES(사이클론)

1 정의(Definition)

사이클론은 고기압으로 둘러싸인 저기압에 따라서 북반구에서는 반시계 방향으로 남반구에서는 시계 방향으로 부는 강한 바람을 동반한 소용돌이로 대기 교란을 초래한다. 사이클론은 주로 세계의 열대와 온대 지역에서 발견된다.

사이클론은 세계 각지에서 다양한 이름으로 알려져 있다:

- 날짜선 서쪽 북서태평양 - 태풍
- 날짜선 동쪽 북동태평양 또는 남태평양 - 허리케인
- 남서태평양과 남동인도양 - 열대성 사이클론
- 북인도양 - 심한사이클론 폭풍
- 인도양 남서부 - 열대사이클론
- 오스트레일리아 - 윌리윌리
- 남아메리카 - 토네이도

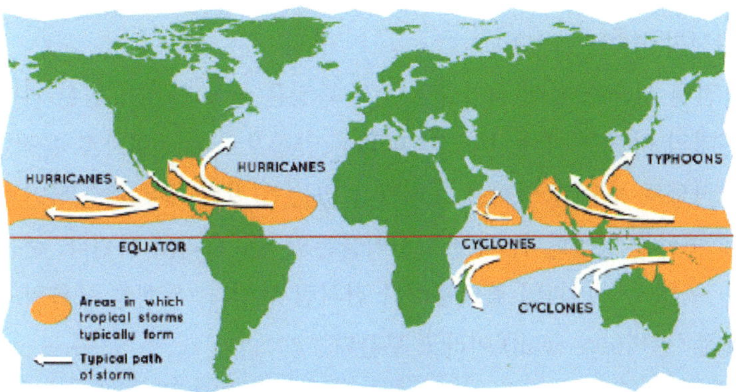

출처 : https://commons.wikimedia.org/wiki/File:Hurricanes,_cyclones,_and_typhoons.jpg

② 일반적인 특성(General Characteristics)

인도의 사이클론은 성질이 온건하다. 사이클론의 일반적인 특징은 다음과 같다:

① 강풍
② 이례적인 비(집중호우)
③ 폭풍 해일

사이클론의 발달은 다음의 세 단계를 포함한다.

1) 형성 및 초기 발달 상태(발생기 및 발달기)

사이클론의 형성에는 다음과 같은 네 가지 대기/해양 조건이 필요하다.

- 해수 온도 26℃를 초과한 깊이가 60m에 이르며, 이는 증발에 의해 대기 중에 풍부한 수증기를 제공한다.
- 대기의 상대습도(공기가 수증기에 의해 포화되는 정도)가 약 7000m 높이로 높아지면 수증기가 물방울과 구름으로 응결되고 열에너지가 방출하며 압력이 떨어지게 된다.
- 대기 불안정(고도에 따른 평균 이상의 온도 감소)은 상승 공기의 응결이 발생할 때 상당한 수직 적란운 대류를 촉진한다.
- 적도로부터 적어도 4-5°의 위도에 위치하면 지구의 자전으로 인한 힘(코리올리 힘)의 영향을 받아 저기압 중심부를 중심으로 한 사이클론 바람 순환을 유도할 수 있다.

2) 완전히 성숙됨(성숙기)

완전히 성숙한 열대 저기압의 주요 특징은 매우 난류가 심한 거대 적란운대의 나선형 패턴이다. 이 띠들은 안쪽으로 나선형으로 움직이며 상대적으로 조용한 영역을 둘러싸고 있는 밀집된 매우 활동적인 중앙 구름 중심을 형성한다. 이것은 사이클론의 "눈"이라고 불린다. 눈은 두꺼운 구름에 둘러싸인 블랙홀이나 점처럼 보인다. 두꺼운 구름의 바깥 둘레를 '안벽(eye wall)'이라고 부른다.

3) 약화 또는 쇠퇴(노쇠기)

열대성 사이클론은 따뜻하고 습한 공기의 공급원이 갑자기 차단되는 순간 약해지기 시작한다. 이것은 사이클론이 육지에 부딪히거나, 사이클론이 더 높은 고도로 이동하거나, 다른 저기압의 간섭이 있을 때 가능하다.

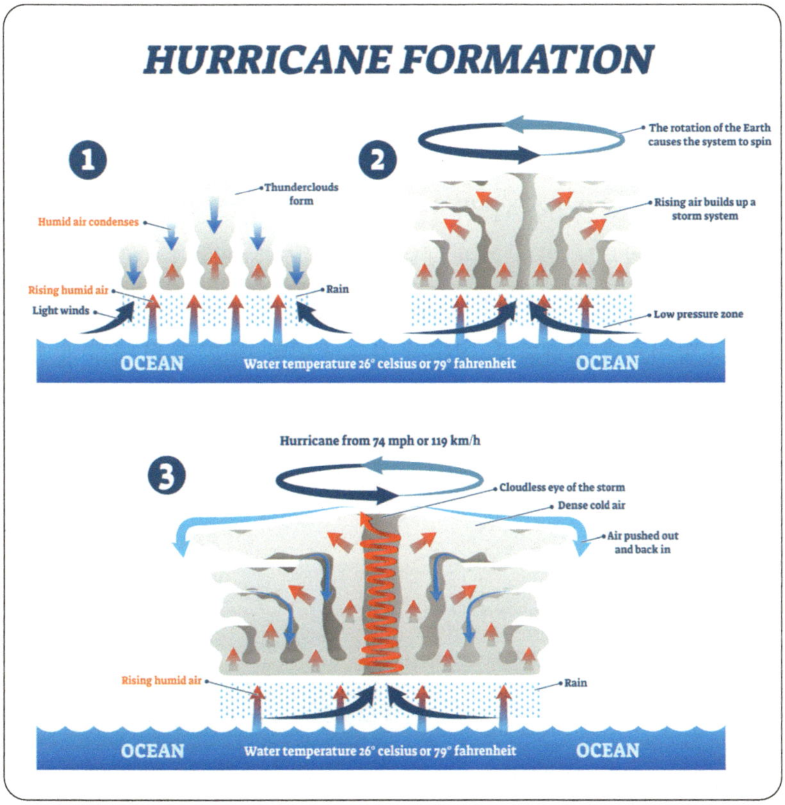

③ 예경보(Early warning)

- 저기압과 발달은 사이클론이 손상을 일으키기 몇 시간 또는 며칠 전에 감지될 수 있다.
- 이 위성들은 사람들이(사이클론의) 영향을 받는 활동 지역에서 대피하는 것을 기반으로 이 사이클론들의 움직임을 추적한다. 정확성을 예측하는 것은 어렵다.
- 정확한 상륙 예측은 피해 위기에 처한 사람들에게 단지 몇 시간 전에 알릴 수 있다.
- 사이클론 추적은 INSAT 위성을 통해 이루어진다.
- 사이클론 경보는 위성 기반 재난 경보 시스템, 라디오, 텔레비전, 전화, 팩스, 우선순위가 높은 전보, 정부 발표 및 언론 속보와 같은 여러 가지 방법으로 전파된다. 이러한 경고는 일반 대중, 특히 바다에 있는 어업 공동체, 항만 당국, 항공사 및 정부 조직에 전파된다.

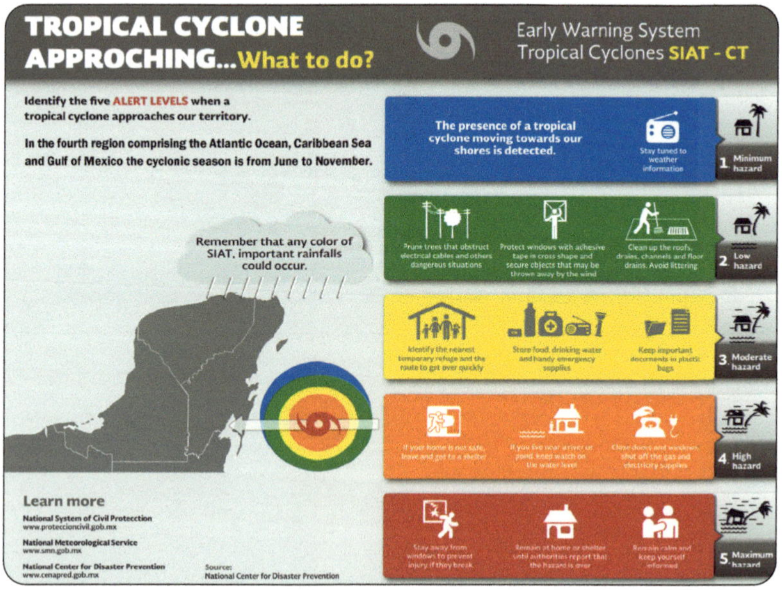

출처 : http://beachareanews.com/wp-content/uploads/2017/10/SIAT-CT-English.pdf

4 일반적인 피해영향(Typical Adverse effects)

강풍은 사회 기반 시설과 주택, 특히 취약한 건축물에 큰 피해를 입힌다. 일반적으로 폭우와 홍수가 뒤따르며, 평평한 해안 지역에서는 해일을 타고 폭풍 해일이 일어나 내륙으로 최대 15km에 이르는 장거리에 걸쳐 육지가 침수된다.

- **물리적 피해** : 풍력, 홍수 및 폭풍 해일에 의해 구조물이 손상되거나 파괴된다. 대부분의 구조물, 특히 산업용 건물에 설치된 구조물의 가벼운 경사진 지붕은 심각한 손상을 입을 것이다.
- **공중 보건** : 홍수와 부유물로 인해 물 공급이 오염되면 바이러스 발생, 설사 및 말라리아가 발생할 수 있다.
- **급수** : 지면 및 배관 급수가 홍수로 인해 오염될 수 있다. 농작물과 식량 공급 – 강풍과 비로 인해 저지대에 있는 농작물과 식량 비축량이 피해를 받는다. 바나나와 코코넛과 같은 재배 유형의 농작물은 매우 취약하다. 바닷물의 소금이 농경지에 침전되어 염도를 높일 수 있다. 농작물의 손실은 심각한 식량 부족으로 이어질 수 있다.
- **통신** : 바람에 의해 전기 및 통신 타워, 전신주, 전화선, 안테나, 위성 디스크 및 방송 서비스가 중단될 수 있을 정도로 통신 링크가 심각하게 중단된다. 수송선(도로 및 철도)이 단축될 수 있고, 적절한 통신이 이루어지지 않으면 구호물자의 효과적인 분배에 영향을 미친다.

5 가능한 피해 저감 조치(Possible Risk Reduction Measures)

▸ 연안 보호림

과학적인 인터위빙 패턴으로 해안선을 따른 그린벨트는 위험 영향을 줄일 수 있다. 그린벨트를 통해 보호막을 규정하면 피해가 감소한다. 숲은 강풍과 갑작스러운 홍수에 대비해 넓은 완충지대 역할을 한다. 숲이 없다면 사이클론은 내륙으로 자유롭게 이동한다. 보호림 방어막이 없기 때문에 넓은 지역에 물이 범람해 파괴를 일으킬 수 있다. 보호림이 사라지면 사이클론이 계속해서 내륙으로 침투할 수 있다.

▸ 위험 지도

풍속과 방향에 대한 기상학적 기록을 통해 해당 지역의 바람 발생 가능성을 확인할 수 있다. 사이클론은 며칠 전에 예측할 수 있다. 그 시작은 광범위하고 종종 매우 파괴적이다. 과거 기록과 경로는 특정 풍속에 대한 발생 패턴을 제공할 수 있다. 위험 지도는 특정 연도에 사이클론에 취약한 지역을 보여줄 것이다. 사이클론의 심각성과 그 지역의 다양한 피해 강도를 추정하는 것은 유용할 것이다. 지도는 과거 기후 기록, 풍속 이력, 홍수 빈도 등의 데이터 입력으로 준비된다.

▸ 토지이용 관리

가장 중요하지 않은 활동이 취약한 영역에 배치되도록 설계되었다. 범람원에 정착한 위치는 가장 위험하다. 주요 시설의 위치 선정은 토지 용도에 표시돼야 한다. 토지 사용을 규제하기 위한 정책이 마련돼야 하고 건축 법규가 시행돼야 한다.

▸ 설계 구조물

풍력을 견딜 수 있도록 구조물을 만들어야 한다. 좋은 부지 선정도 중요하다. 해안 지역의 대부분 건물은 지역적으로 사용 가능한 재료로 지어지며 공학적 입력이 없다. 다음과 같은 우수 시공 관행을 채택해야 한다.

• 사이클론 폭풍은 해안 지역에 범람한다. 기둥이나 흙 언덕 위에 건

설하는 것이 좋다.

- 집들은 바람과 홍수 피해에 저항하기 위해 강화될 수 있다. 구조물을 고정하는 모든 요소는 물체의 상승 또는 날아가는 것에 저항하기 위해 적절하게 고정되어야 한다. 예를 들어, 지붕의 큰 돌출부를 피하고, 돌출부는 아래로 묶어야 한다.
- 한 줄로 심어진 나무들이 방패 역할을 할 것이다. 그것은 에너지를 감소시킨다.
- 건물은 바람과 물에 강해야 한다.
- 음식물을 저장하는 건물은 바람과 물로부터 보호되어야 한다.
- 하천 제방을 보호한다.
- 통신선은 지하에 설치되어야 한다.
- 취약한 지역에 있는 지역사회 보호소에 강력한 홀을 제공한다.

▸ **홍수 관리**

집중호우, 강풍 및 폭풍 범위는 사이클론의 영향을 받는 지역에서 홍수로 이어진다. 산사태의 기능성도 있다. 홍수 완화 조치가 통합될 수 있다.

▸ **초목 보호막 개선**

식물과 나무뿌리는 토양을 그대로 유지하고 침식을 방지하고 느린 유출을 하여 홍수를 방지하거나 감소시킨다. 일렬로 심어진 나무는 바람막이 역할로 사용된다. 해안 방풍림 플랜테이션은 심한 풍속을 깨기 위해 개발될 수 있다. 그것은 파괴적인 효과를 최소화한다.

CHAPTER 05

FLOOD(홍수)

1 정의(Definition)

홍수는 하천이나 해안을 따라 수위가 높은 상태로, 보통 물에 잠기지 않는 땅의 침수로 이어진다. 홍수는 점진적으로 발생할 수 있으며 제방 붕괴, 유출, 폭우 등으로 인해 몇 시간이 걸리거나 갑자기 발생할 수 있다.

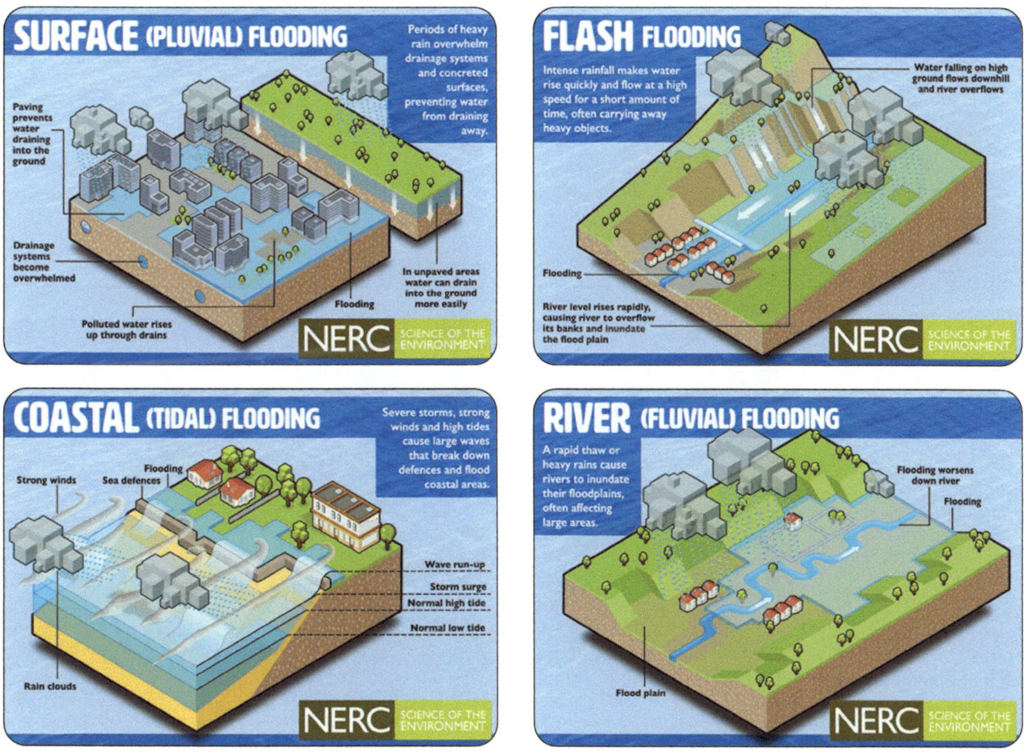

출처 : https://thefloodhub.co.uk/landscapes-to-lifescapes-2/

② 홍수의 원인(Causes of Floods)

- 폭우
- 강바닥의 심한 막힘으로 인항 강/하천 물 운반 능력 저하
- 배수관 막힘으로 인한 내수 침수
- 산사태로 인한 하천 흐름의 가로막힘
- 댐 및 저수지 건설
- 사이클론이 발생하기 쉬운 지역에서의 폭풍 해일과 함께 폭우를 동반한 강한 바람으로 인한 홍수

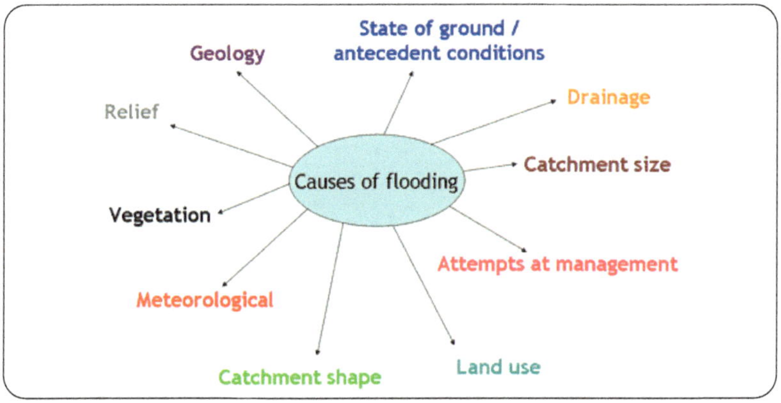

출처 : http://beachareanews.com/wp-content/uploads/2017/10/SIAT-CT-English.pdf

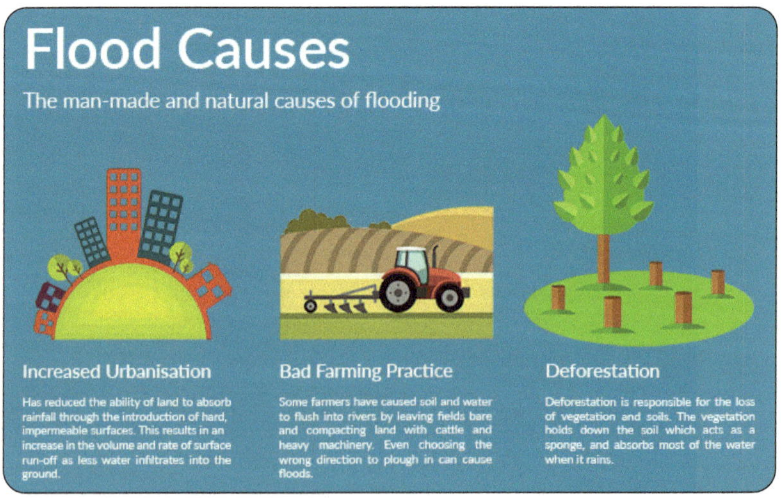

출처 : https://eschool.iaspaper.net/types-floods-definition-causes-prevents/types-of-floods/

③ 예경보(Early warning)

- 인공위성과 원격 탐지 장비 등 기술의 발달로 수위가 높아질수록 홍수파를 추적할 수 있다.
- 폭우는 다가오는 강의 범람에 대한 충분한 경고를 줄 것이다.
- 높은 바람과 함께 높은 조수는 해안 지역의 홍수를 나타낼 수 있다.
- 적절한 모니터링 및 경고를 통해 대피가 가능하다. 관개 및 홍수 관리 부서, 수자원 부서에 경고를 발령한다. 적절한 완화 및 준비 조치를 위한 사전 경고를 전달하기 위해 행정 및 주 엔지니어링 기관, 지역 시민 당국과 긴밀한 연락을 유지한다.

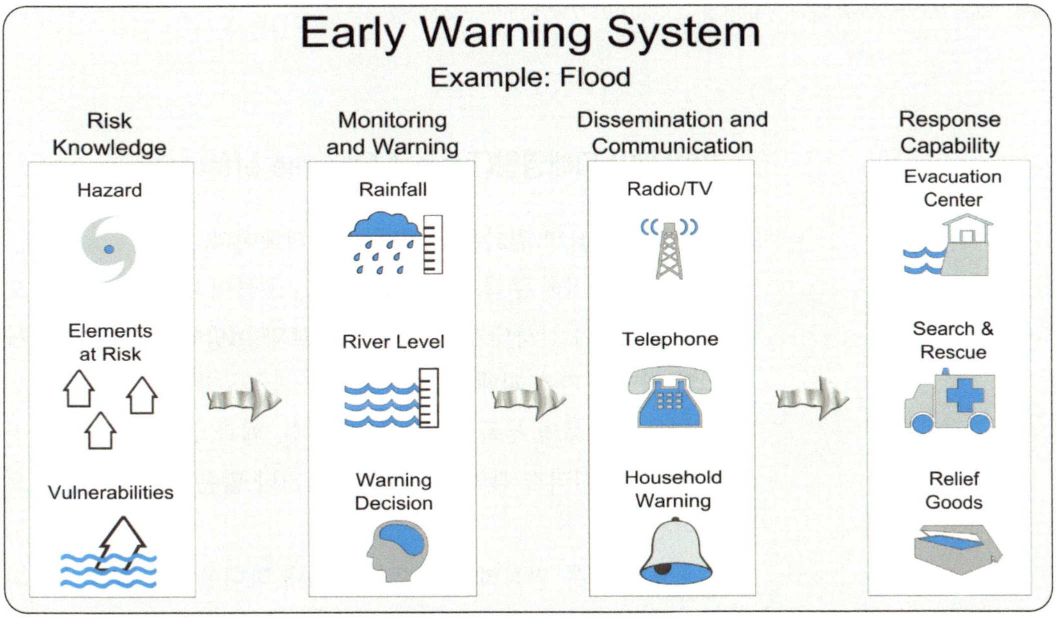

출처 : https://www.gidrm.net/en/products/local-flood-early-warning-systems

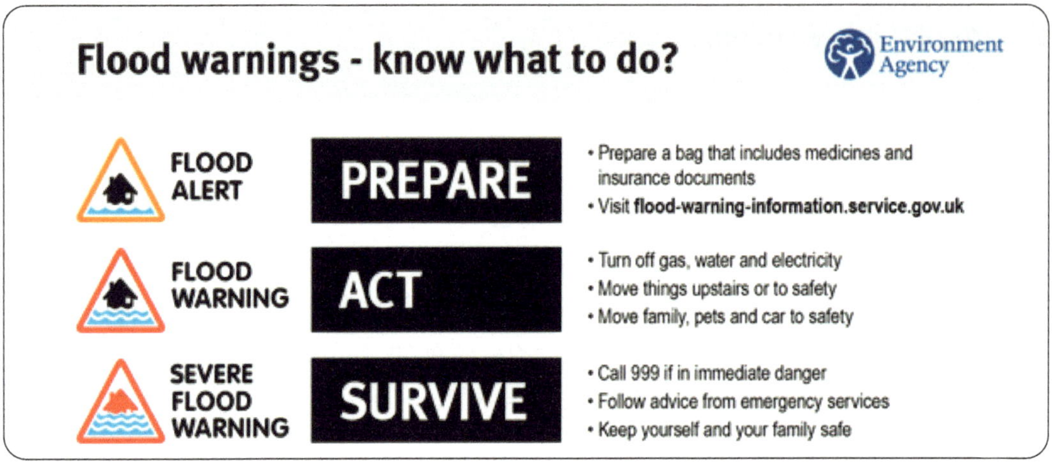

출처 : https://environmentagency.blog.gov.uk/2019/11/12/autumn-flooding/

4 일반적인 피해영향(Typical Adverse effects)

- 홍수의 가장 중요한 결과는 인명과 재산 피해이다.
- 쏟아지는 물에 의해 주택, 교량, 도로 등 구조물이 파손되고, 물이 포화되면서 촉발된 산사태가 발생하며, 보트와 어망이 손상된다. 익사로 인한 인명과 가축 피해가 크다.
- 적절한 식수 시설의 부족, 물(우물, 지하수, 배관 급수)의 오염은 전염병, 설사, 바이러스 감염, 말라리아 및 기타 많은 전염병의 발생으로 이어진다.
- 홍수는 또한 넓은 면적의 농경지가 침수돼 막대한 농작물이 손실되는 결과를 초래한다. 이것은 음식과 동물 사료의 부족을 초래한다.
- 홍수는 토양 특성에도 영향을 미칠 수 있다. 육지는 표층의 부식으로 불모지가 될 수 있고, 바닷물이 범람하면 염분이 함유된 토양으로 바뀔 수 있다.

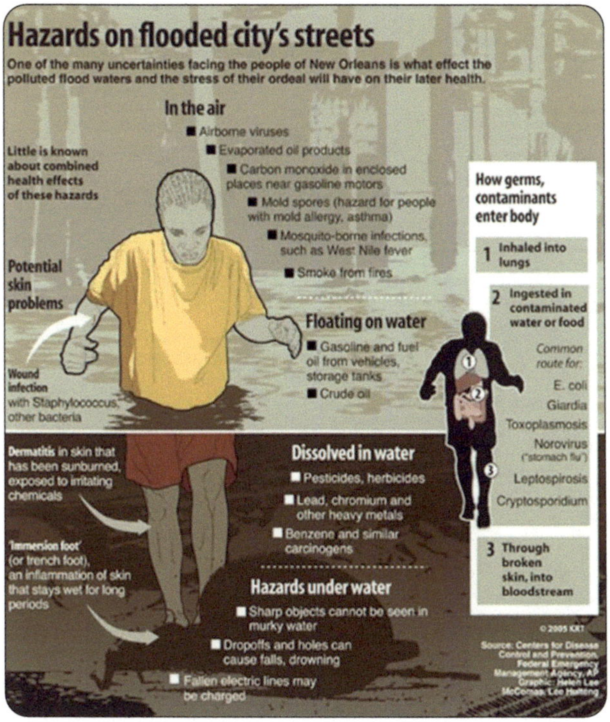

출처 : https://www.marekbros.com/newsroom/blog/weekly-toolbox-talk-heavy-rain-hazards

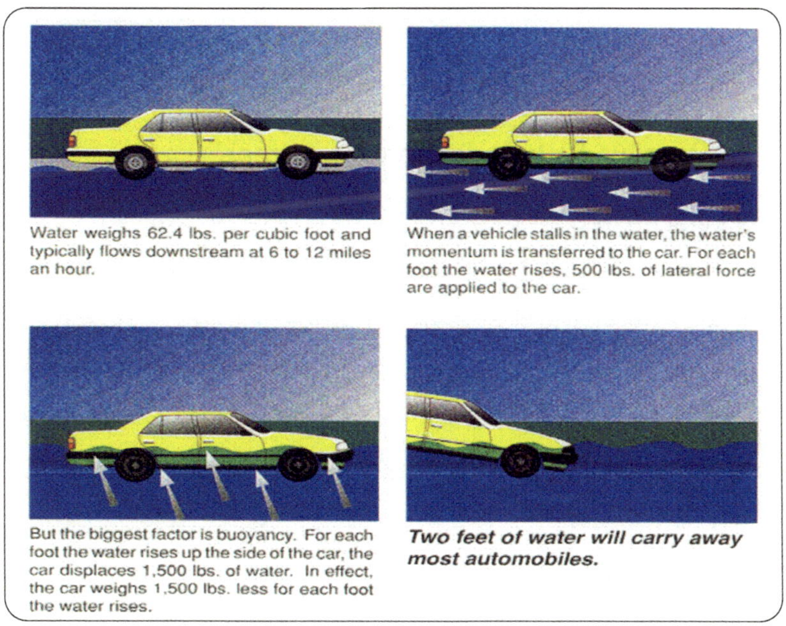

출처 : https://slideplayer.com/slide/12716552

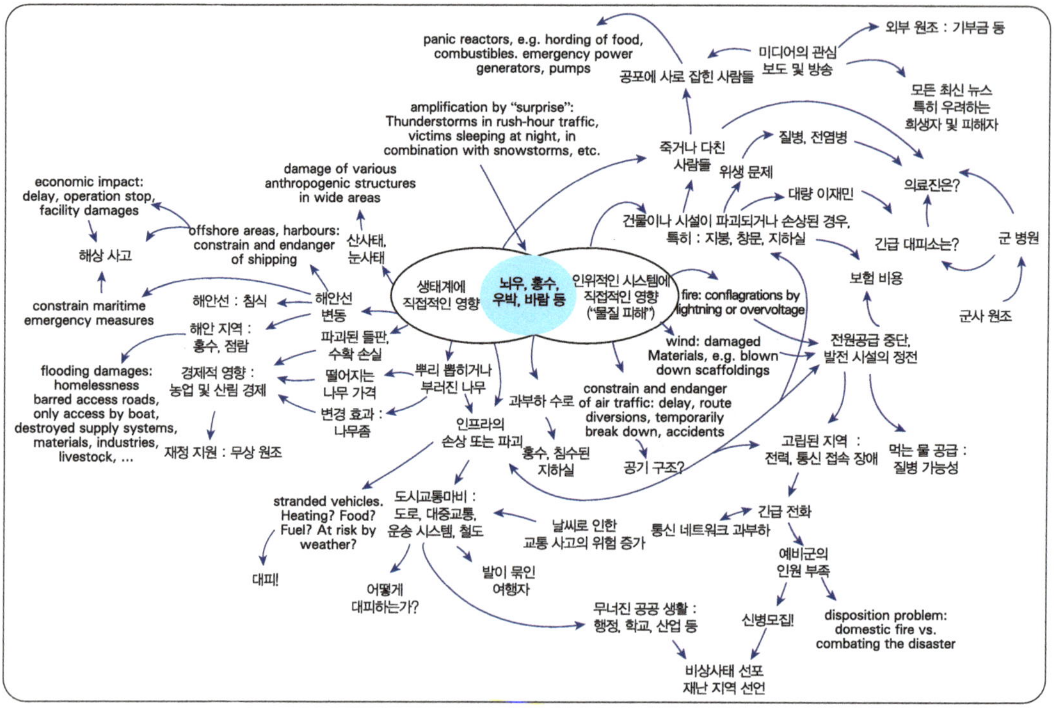

5 가능한 피해 감소 조치 (Possible Risk Reduction Measures)

- 홍수범람지도 제작

지역의 위험을 줄이는 데 관련된 주요 단계이다. 역사적 기록은 홍수 침수 지역의 표시와 발생 기간 및 범위를 제공한다. 잠재적인 위협에 대비하여 이전에 표시된 수위의 높이를 살펴봄으로써 경고가 발령될 수 있다. 해안 지역에서는 조수의 수위와 육지 특성이 침수 지역을 결정할 것이다. 홍수 위험 지도는 홍수 동안 물 흐름의 적절한 표시를 제공할 것이다.

- 토지 이용 관리

범람원과 해안 지역에 물이 범람할 때 생명과 재산의 위험을 줄일 것이다. 사상자 수는 위험 지역의 인구와 관련이 있다. 사람들이 이미 정착지를 건설한 지역에서는 취약성을 줄이기 위해 더 나은 장소로 이전하는 조치가 취해져야 한다. 홍수 발생 가능성이 높은 지역에서는 주요 개발이 허용되어선 안 된다. 병원, 학교와 같은 중요한 시설들은 안전한 지역에 세워져야 한다. 도시 지역에서는 연못, 호수 또는 저지대와 같은 저류(water holding) 지역이 만들어질 수 있다.

범람원에 **공학적 구조물을 건설**하고 홍수의 힘과 누수에 견딜 수 있는 구조물을 강화한다. 그 건물들은 높은 지역에 지어져야 한다. 필요한 경우 기둥 또는 대(platform)에 건설한다.

홍수통제

홍수 피해를 줄이는 것을 목표로 한다. 이것은 재조림, 식생 보호, 하천 및 기타 물 보유 지역의 잔해 제거, 연못 및 호수 보존 등의 도움을 받아 유출량을 줄임으로서 가능하다. 홍수 우회에는 제방, 둑, 댐 및 수로 개선이 포함된다. 댐은 물을 저장할 수 있고 관리 가능한 속도로 물을 방출할 수 있다. 홍수 방지 기능은 손상 위험을 줄여준다. 조치에는 홍수를 막기 위한 모래주머니 사용, 주택의 문과 창문의 차단 또는 밀봉 등이 포함된다. 집들은 땅이 높은 곳에 지으면 올라갈 수 있다. 건물은 수역에서 멀리 떨어진 곳에 지어져야 한다.

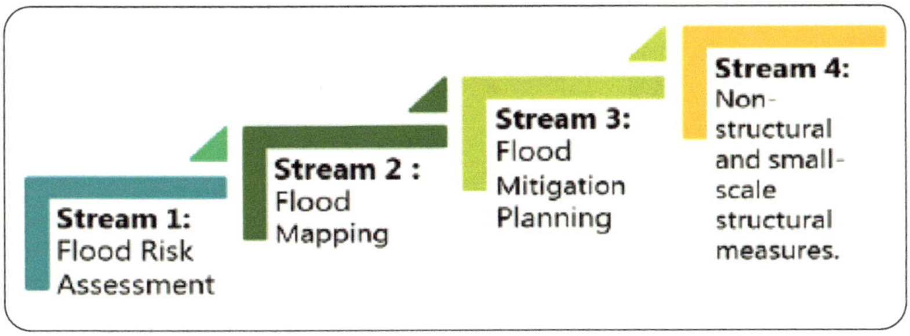

출처 : https://www.publicsafety.gc.ca/cnt/rsrcs/pblctns/vltn-ntnl-dsstr-mtgtn-prgrm-2019/index-en.aspx

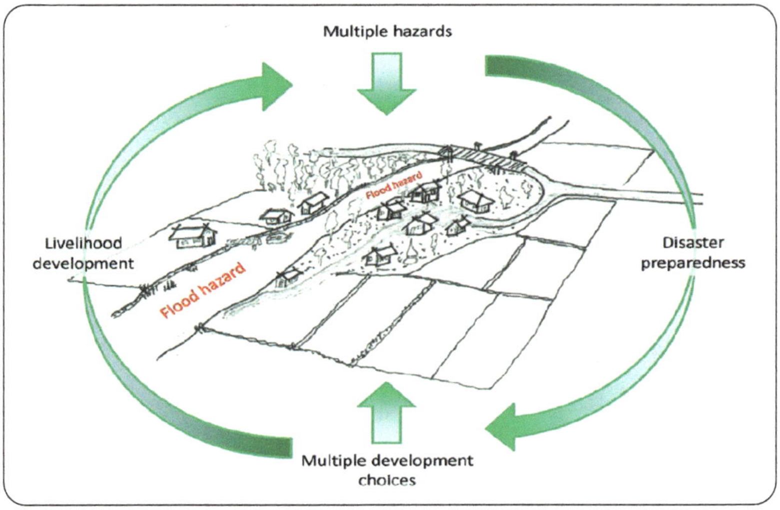

출처 : Colin McQuistan(2015), Why Technology Justice is Critical for the Climate Negotiations: Delivering on Loss and Damage, Practical actiuon

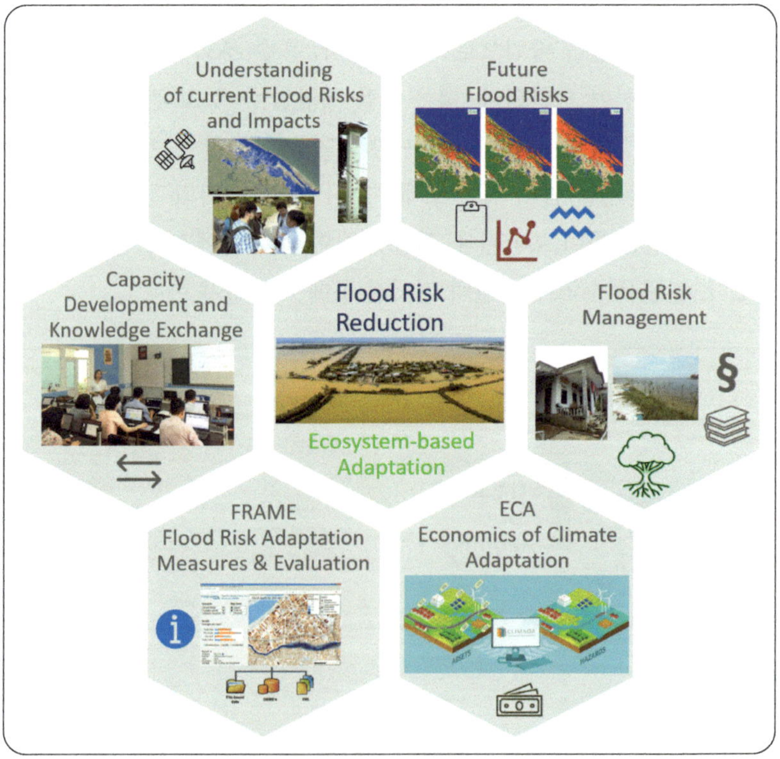

출처 : https://floodadapt.eoc.dlr.de/

CHAPTER 06

easy-to-understand BASIC DISATER SCIENCE

DROUGHT(가뭄)

1 정의(Definition)

가뭄은 오랜 기간 동안 지역의 정상적인 패턴에서 강우량이 없거나 부족하여 사회의 일반적인 고통을 초래한다. 그것은 사람들이 자연적인 물의 공급에 두는 수요와 주어진 지리적 지역에서 물을 제공하는 자연적인 사건 사이의 상호작용이다.

출처 : https://dribbble.com/tags/drought

- 가뭄은 느리게 진행되는 재난으로 시작 시점과 종료 시점을 특정하기 어렵다.
- 유용한 물의 부족을 초래하는 비정상적인 건조 기간이다.
- 가뭄은 기후의 정상적이고 반복적인 특징이다. 기후는 약간의 이상을 보일 것으로 예상되며 가뭄은 그 일부일 뿐이다.

- 가뭄은 비의 양뿐만 아니라 시간과 공간의 부적절한 분배로 발생할 수 있다.
- 가뭄은 지리적 지역에서 강수량과 물 사용(증발, 식물에 의한 증산, 가정 및 산업 용도 등) 사이의 부정적인 균형이다.

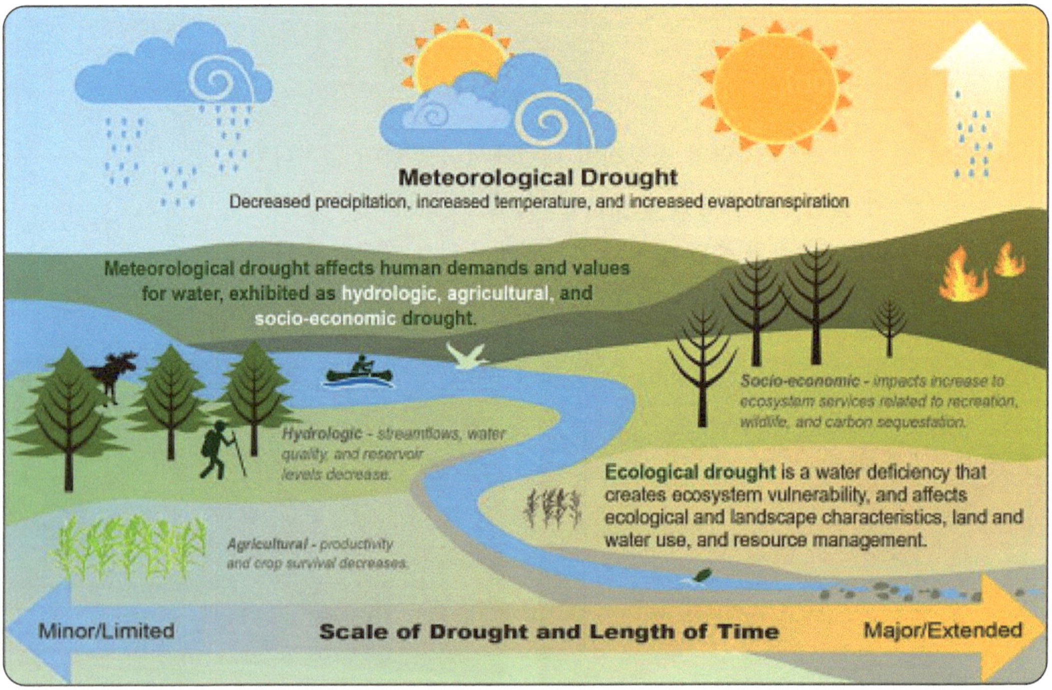

출처 : https://www.fs.usda.gov/managing-land/sc/drought

② 가뭄의 원인(Causes of Droughts)

- 강우량 부족
- 인구과잉
- 과도한 방목
- 삼림 벌채
- 토양 침식
- 농작물 재배를 위한 지하수 및 지표수의 과도한 사용
- 생물 다양성의 상실

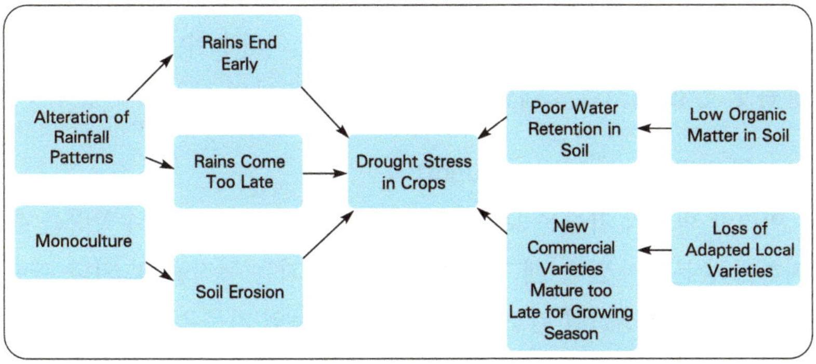

출처 : Miguel A. Altieri(2015), Didactic tool for the design, management and assessment of climate change resilient farming systems, Third World Network

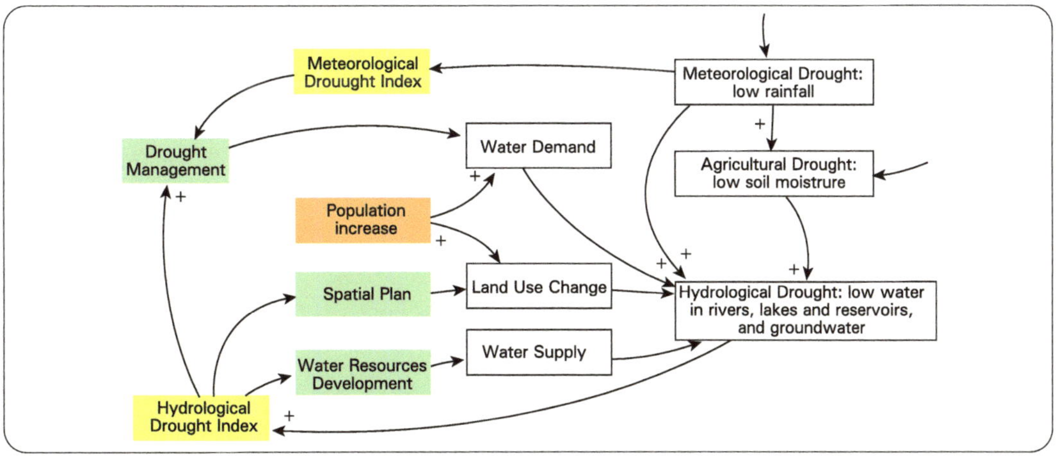

출처 : Waluyo Hatmoko, Robertus Wahyudi Triweko(2013), Water Resources Drought: Hydrological Drought in Developed River Basins, 4th International Seminar of HATH

3 가뭄의 유형(Types of drought)

가뭄은 순차적으로 진행된다. 그 영향은 아래 나열된 바와 같이 서로 다른 영역에 걸쳐 퍼져 있다.

1) 기상학적 가뭄(Meteorological drought)

기상학적 가뭄은 강우량이 평년보다 부족한 단순한 현상이다. 가뭄이 가장 심하지 않은 형태이며 종종 맑은 날과 더운 날씨로 식별된다.

2) 수문학적 가뭄(Hydrological drought)

수문학적 가뭄은 종종 자연 하천 흐름이나 지하수 수위와 더불어 저장된 물 공급 감소를 초래한다. 주요 영향은 수자원 시스템에 있다.

3) 농업 가뭄(Agricultural drought)

이러한 형태의 가뭄은 토양의 수분 수준이 평균 농작물 수확량을 유지하기 충분하지 않을 때 발생한다. 초기 결과는 농작물 및 기타 관련 생산의 계절적 생산량 감소에 있다. 극심한 농업 가뭄은 기근으로 이어질 수 있는데, 이는 제한된 지역의 식량 부족이 광범위한 질병과 기아로 인한 사망을 초래하는 것이다.

4) 사회경제적 가뭄(Socio-economic drought)

사회경제적 가뭄은 상품과 서비스의 공급과 수요를 위에서 언급한 세 가지 유형의 가뭄과 연관시킨다. 물과 전기와 같은 일부 상품이나 서비스의 공급이 날씨에 의존할 때 가뭄은 이러한 경제 상품의 공급 부족을 초래할 수 있다.

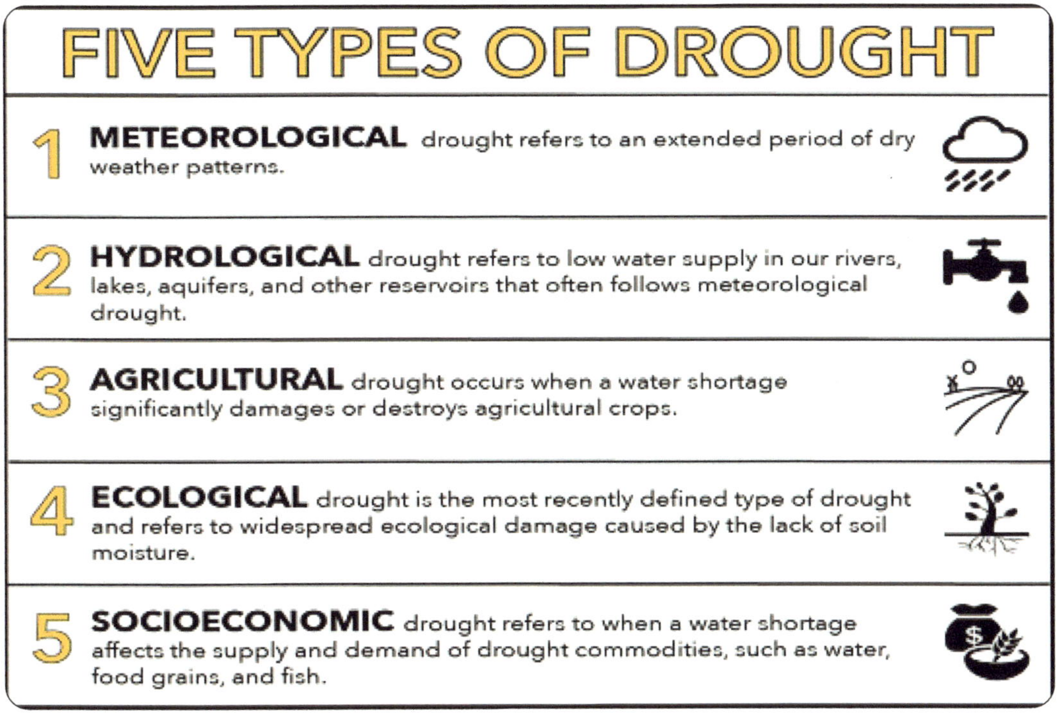

출처 : https://livingwithdrought.com/what-is-drought/

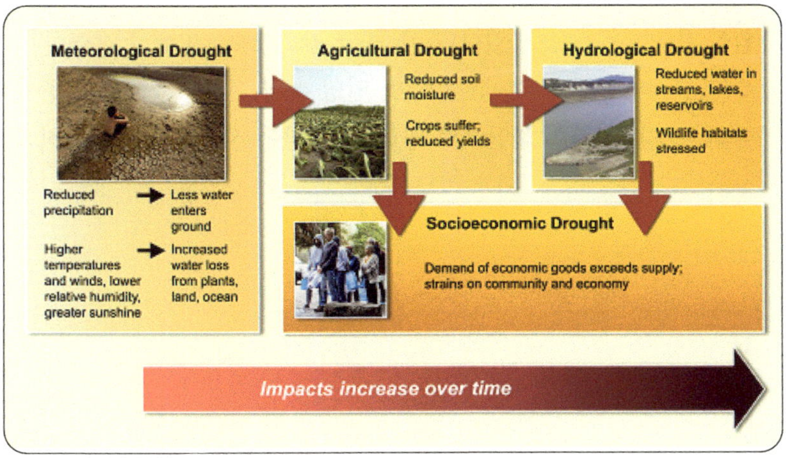

출처 : https://lsintspl3.wgbh.org/en-us/lesson/kend19-il-droughtbasicsil/7

4 위험 요소(Elements at Risk)

일반적으로, 주로 물에 의존하는 모든 요소들이 가장 큰 영향을 받는다.

- 그것은 비를 먹인 농작물에 영향을 주고 관개된 농작물로 천천히 기어들어간다.
- 농업에 의존하는 사람들과 다른 생계 기회가 가장 덜 발달된 지역은 큰 영향을 받는다.
- 목축업자, 땅 없는 노동자, 생계형 농부, 여성, 어린이, 농장 동물들이 가장 취약한 집단이다.

5 일반적인 피해영향(Typical adverse effects)

- 기상학적 가뭄이 수문학적 가뭄으로 바뀌면서 토양 수분 의존도가 가장 높은 농업에서 영향이 먼저 나타나기 시작한다.
- 관개 지역은 비가 내린 지역보다 훨씬 늦게 영향을 받는다.
- 그러나 다년생 강 주변 지역은 가뭄이 기승을 부릴 때도 정상적인 생활을 유지하는 경향이 있다. 식수 공급 감소, 에너지 생산 감소, 지하수 고갈, 식량 부족, 건강 감소 및 인명 손실*(인명 피해)*, 빈곤 증가, 삶의 질 감소, 사회 불안으로 인해 그 영향은 사회구조로 서서히 확산되었다.

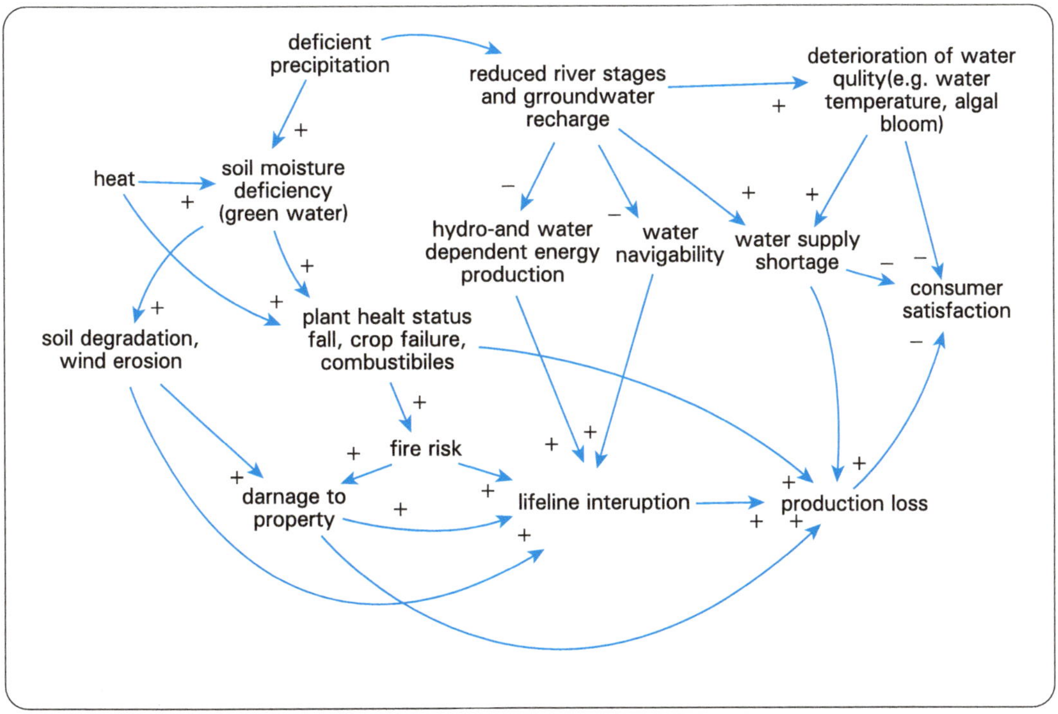

출처 : Jaroslav Mysiak, Anil Markandya(2009), ECONOMIC COSTS OF DROUGHTS, XEROCHORE WP2 BRIEF

6 가능한 위험 감소 조치(Possible Risk Reduction Measures)

가뭄에 대처하기 위한 다양한 완화 전략이 있다.

▸ 대중의 인식과 교육

만약 지역사회가 해야 할 일과 하지 말아야 할 일을 알고 있다면, 문제의 절반은 해결된다. 여기에는 안전한 식수의 가용성에 대한 인식, 물 보존 기술, 농작물 비상 계획, 빗물 수집 구조물 건설과 같은 농업 가뭄 관리 전략이 포함된다. 인식은 인쇄 매체, 전자 매체 및 민속 매체에 의해 생성될 수 있다.

▸ **가뭄 모니터링**

강우 상황, 저수지, 호수, 강 등의 물의 가용성을 지속적으로 관찰하고 사회의 다양한 분야에서 기존의 물 수요와 비교하는 것이다.

▸ **주택과 농가의 밭에서 빗물 수확을 통한 물 공급 증대 및 보존**

이용 가능한 물의 함량을 증가시킨다. 모든 밭에서 공통 지점(예 농장 연못)으로 흐르는 물을 허용하거나(예 등고선 제방, 등고선 경작, 상향식 바닥 재배 등) 떨어진 토양으로 침투시키는 방식으로 물을 수확하면 지속적인 농업 생산을 위한 용수 가용성을 높이는 데 도움이 된다.

▸ **관개 시설의 확장**

가뭄 취약성을 감소시킨다.

▸ **토지 이용 능력에 기반한 토지 이용**

토지와 물의 최적 사용을 돕고 오용으로 인해 발생하는 과도한 수요를 피할 수 있다.

▸ **생활 계획**

가뭄의 영향을 가장 적게 받는 생계를 파악한다. 그러한 생계 수단 중 일부는 농장 밖의 고용 기회 증가, 지역사회 산림에서 비목재 산림 생산물 수집, 염소 사육, 목공업 등을 포함한다.

▸ **가뭄 계획**

가뭄 계획의 기본 목표는 모니터링, 완화 및 대응 조치를 강화하여 대비 및 대응 노력의 효과를 향상시키는 것이다.

- 계획은 가뭄을 다루는 데 있어 국가와 국가 기관 간의 효과적인 조정에 도움이 될 것이다. 가뭄대책의 구성요소는 가뭄 상황에 대처하기 위한 정부의 결정을 조언할 수 있는 전문가팀인 가뭄대책반의 설립, 가뭄을 다루는 다양한 기관 간의 조정 메커니즘의 수립, 가뭄과 관련된 농부들에게 작물 손실 및 대중 인식 생성을 대처하기 위한 농작물 보험 제도 제공 등이 포함된다.

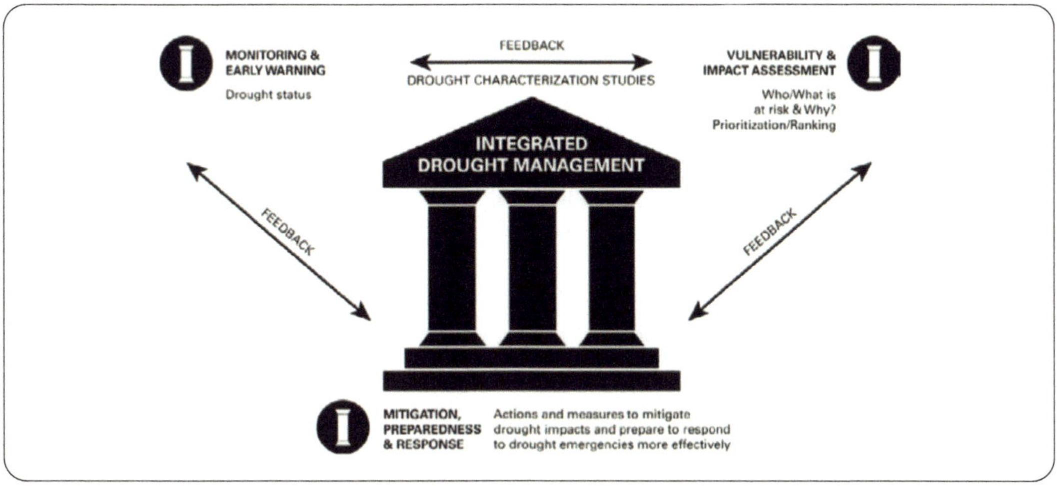

출처 : Jaroslav Mysiak, Anil Markandya(2009), ECONOMIC COSTS OF DROUGHTS, XEROCHORE WP2 BRIEF

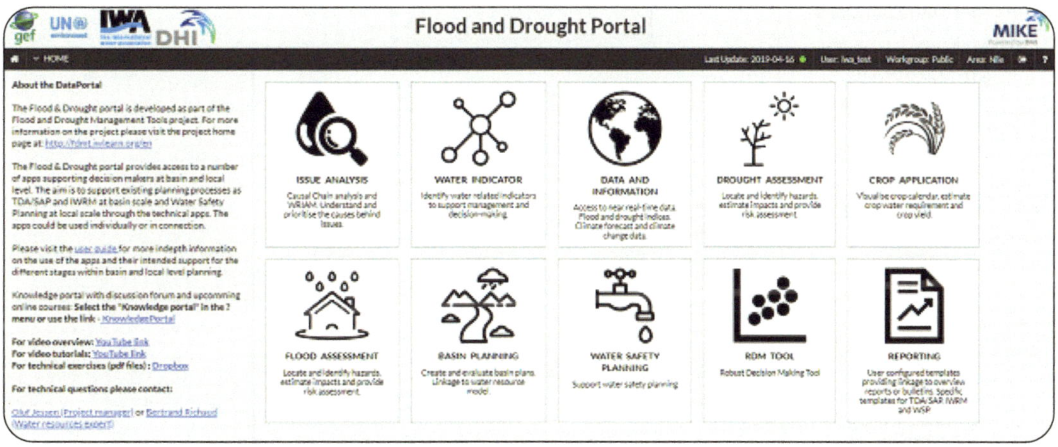

출처 : https://iwa-network.org/a-smart-approach-towards-climate-change/

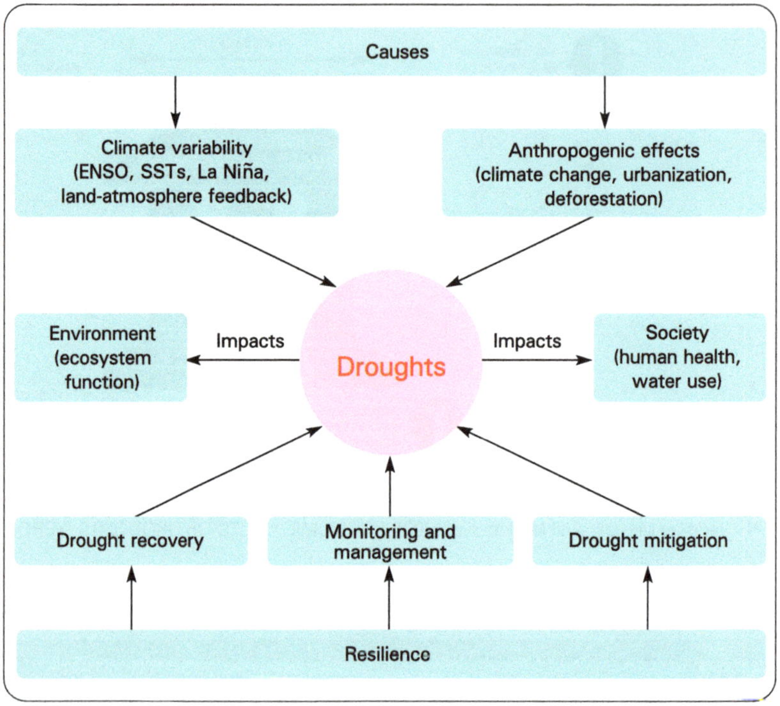

출처 : https://iwa-network.org/a-smart-approach-towards-climate-change/

LANDSLIDE(산사태)

1 정의(Definition)

"산사태"란, 언덕 경사면의 모든 종류의 질량 이동을 포함하며 암석, 토양, 인공 충전재 또는 이러한 모든 재료의 조합으로 구성된 경사 형성 재료가 한 곳에서 다른 곳으로 천천히 또는 빠르게 낙하, 미끄러짐 및 유동함으로써 분리 표면을 따라 아래 또는 바깥으로 이동하는 것으로 정의할 수 있다.

출처 : https://pixabay.com/vectors/emergency-disaster-landslide-4314552/

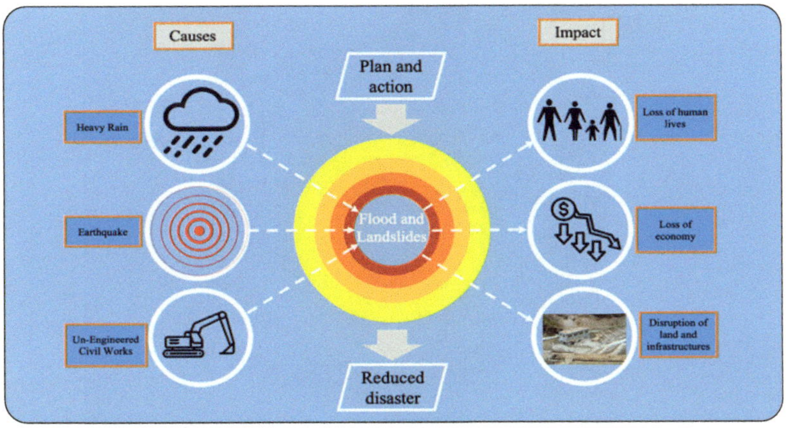

출처 : https://myrepublica.nagariknetwork.com/amp/iterated-floods-and-landslides-in-nepal-causes-consequences-and-ways-forward/news.html.twig

② 산사태의 원인(Causes of Landslides)

산사태의 원인은 여러 가지가 있다. 주요 원인은 다음과 같다:

- **지질학적 취약 물질** : 암석이나 토양의 구성과 구조가 약하면 산사태가 발생할 수도 있다.
- **침식** : 식생의 감소, 도로 건설로 인한 비탈 기슭의 침식은 지형의 미끄러짐의 취약성을 증가시킬 수 있다.
- **강우** : 몇 시간 동안 짧게 강한 비를 내리게 하거나 며칠 동안 지속되는 적당한 강도의 폭우는 산사태를 빈번하게 유발했다. 언덕이 많은 지형에서 눈이 많이 녹으면 산사태가 발생하기도 한다.
- 사람으로 인해 개발된 사면 및 비탈 기슭, 경사면/최하단부 하중, 저수지 내 감소, 채굴, 삼림 벌채, 관개, 진동/폭발, 공급부터의 누수.
- **지진** : 많은 다른 지형과 지질학적 환경에서 산사태를 유발했다. 상대적으로 얇거나 얕게 분리된 토양 또는 암석을 포함하는 가파른 경사면에서 발생하는 낙석, 토양 미끄럼 및 암석 미끄럼, 또는 둘 다 역사적인 지진에 의해 유발된 산사태의 가장 많은 유형이었다.
- **화산 폭발** : 완만한 산허리에 화산재가 퇴적되면 일반적으로 침식이 가속화되고 폭우에 의해 촉발된 빈번한 진흙이나 토석류가 자주 발생한다.

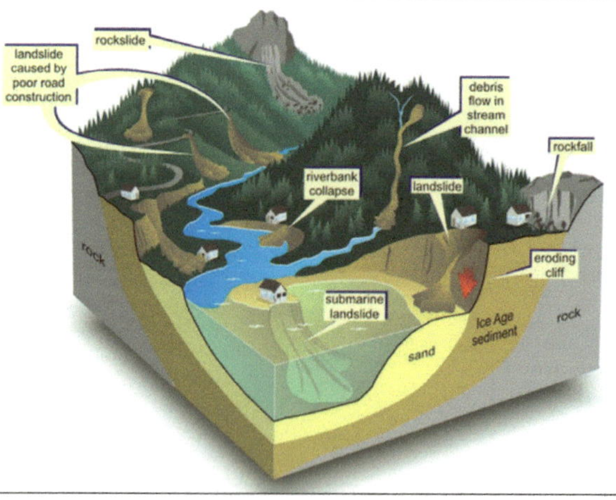

출처 : https://www.cgenarchive.org/nanaimo-hazards.html

Physical Causes—Triggers

- Intense rainfall
- Rapid snowmelt
- Prolonged intense precipitation
- Rapid drawdown (of floods and tides) or filling
- Earthquake
- Volcanic eruption
- Thawing
- Freeze-and-thaw weathering
- Shrink-and-swell weathering
- Flooding

Natural Causes

Geological causes

- Weak materials, such as some volcanic slopes or unconsolidated marine sediments, for example
- Susceptible materials
- Weathered materials
- Sheared materials
- Jointed or fissured materials
- Adversely oriented mass discontinuity (bedding, schistosity, and so forth)
- Adversely oriented structural discontinuity (fault, unconformity, contact, and so forth)
- Contrast in permeability
- Contrast in stiffness (stiff, dense material over plastic materials)

Morphological causes

- Tectonic or volcanic uplift
- Glacial rebound
- Glacial meltwater outburst
- Fluvial erosion of slope toe
- Wave erosion of slope toe
- Glacial erosion of slope toe
- Erosion of lateral margins
- Subterranean erosion (solution, piping)
- Deposition loading slope or its crest
- Vegetation removal (by forest fire, drought)

출처 : https://pressbooks.cuny.edu/gorokhovich/chapter/landslide-causes-and-triggering-mechanisms/

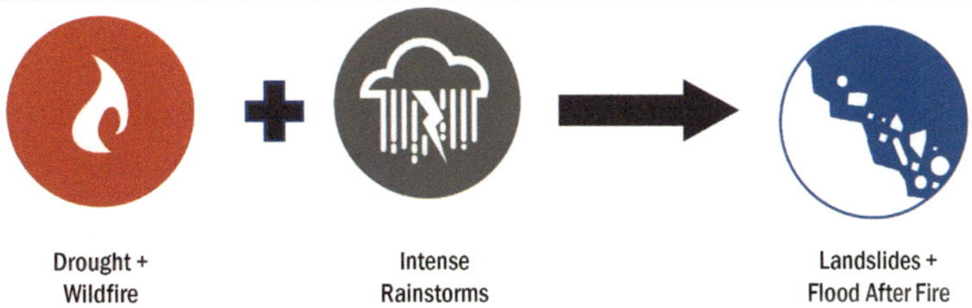

③ 산사태의 일반적인 피해영향 (Typical Adverse Effects of Landslides)

- 위험에 처한 가장 일반적인 요소는 가파른 경사면 최하단부에 지어진 정착지와 산골짜기에서 나오는 개울 어귀에 지어진 정착촌이다.
- 주어진 토양과 엉성한 지역에 대한 적절한 기초 없이 건설된 모든 건물들 또한 위험에 처해 있다.
- 도로와 통신선은 취약하다.

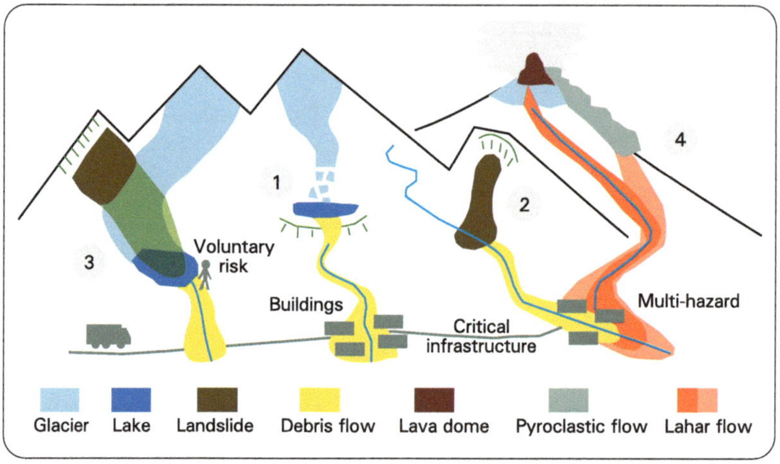

출처 : Binod Tiwari, Kyoji Sassa, Peter T. Bobrowsky, Kaoru Takara, Understanding and Reducing Landslide Disaster Risk: Volume 4 Testing, Modeling and Risk Assessment(ICL Contribution to Landslide Disaster Risk Reduction)

④ 가능한 위험 감소 조치 (Possible risk reduction measures)

▸ 위험 지도

사면붕괴가 발생하기 쉬운 영역을 찾는다. 이것들은 이러한 지역에 정착지를 건설하는 것을 피하는 데 도움이 될 것이다. 또한 이 지도들은 완화계획을 위한 도구의 역할을 할 것이다.

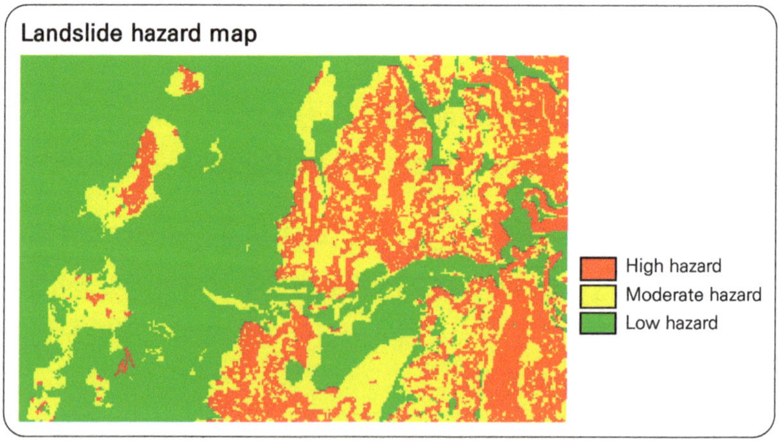

출처 : https://www.itc.nl/ilwis/applications-guide/application-5/

▸ **토지 이용**

- 상부 경사면의 퇴화된 자연 식생으로 덮인 지역은 적절한 종으로 조림되어야 한다. 보존상태가 양호한 기존의 자연 식생 지대(숲과 천연 잔디 땅)는 보존되어야 한다.
- 해당 지역에서 시작된 모든 개발 활동은 해당 지역에 대한 상세한 연구가 수행된 후에만 취해져야 한다.
- 도로, 관개 수로 등을 건설할 때는 자연 배수로가 막히지 않도록 적절한 주의를 기울여야 한다.
- 위험 지역에 대한 완전한 정착 회피가 의무화되어야 한다.
- 산사태가 발생 가능한 경로에 해당하는 정착지 및 인프라를 재배치한다.
- 일정한 경사도를 초과하는 지역에서는 건축물 공사를 금지한다.

▸ **옹벽**

토지가 미끄러지는 것을 방지하기 위해 **옹벽**을 쌓을 수 있다.(일반적으로 언덕 역의 도로를 따라 흔히 볼 수 있다). 이것들은 대규모 산사태의 최하단부를 따라 종종 발생하는 소규모 및 2차 산사태를 방지하기 위해 구성된다.

▸ **지표면 배수 제어 공사**

지표면 배수 제어 작업은 빗물과 샘물 침투를 동반한 산사태 이동을 통제하기 위해 수행한다.

▸ **튼튼한 기초를 가진 공학적 구조물**

지면 이동력을 견디거나 취할 수 있다. 산사태로 인한 힘을 견딜 수 있도록 지하 설치물(파이프, 케이블 등)을 유연하게 이동할 수 있도록 해야 한다.

▸ **초목 덮개를 늘리는 것**

산사태를 막는 가장 저렴하고 효과적인 방법이다. 이것은 과도한 유출 및 토양 침식을 방지하면서 토양의 최상층을 아래의 층으로 묶는 데 도움이 된다.

보험

산사태나 다른 자연재해로 집이 손상될 가능성이 있는 사람들을 지원할 것이다.

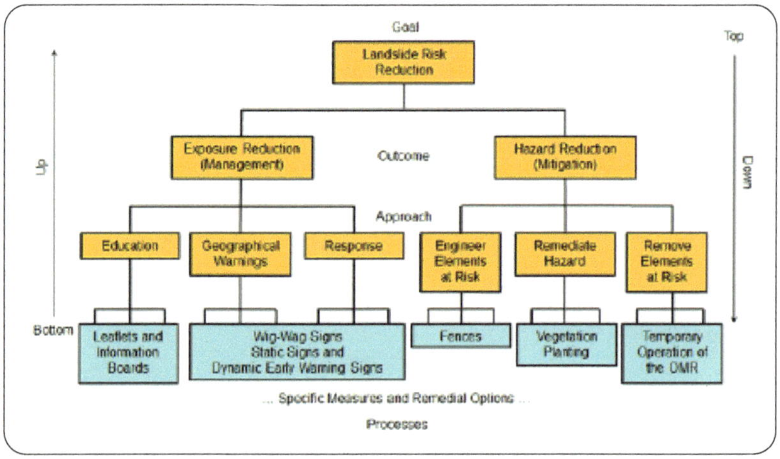

출처 : Binod Tiwari, Kyoji Sassa, Peter T. Bobrowsky, Kaoru Takara, Understanding and Reducing Landslide Disaster Risk: Volume 4 Testing, Modeling and Risk Assessment(ICL Contribution to Landslide Disaster Risk Reduction)

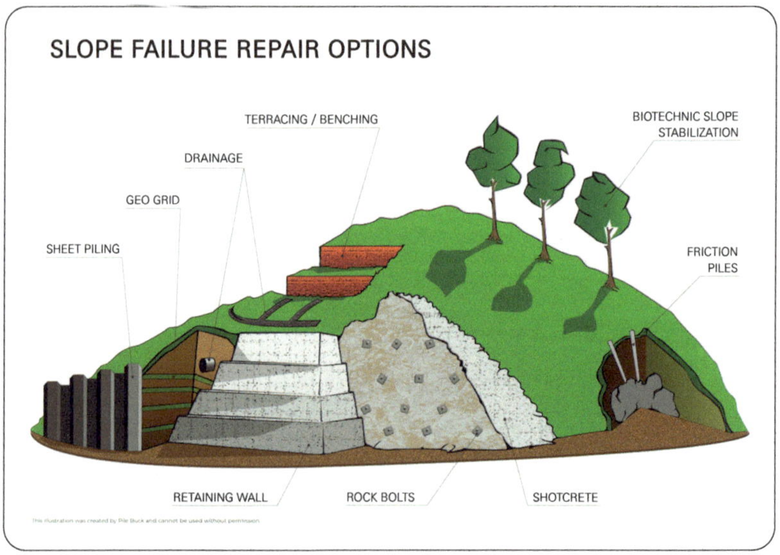

출처 : Binod Tiwari, Kyoji Sassa, Peter T. Bobrowsky, Kaoru Takara, Understanding and Reducing Landslide Disaster Risk: Volume 4 Testing, Modeling and Risk Assessment(ICL Contribution to Landslide Disaster Risk Reduction)

CHAPTER 08

easy-to-understand BASIC DISATER SCIENCE

FOREST FIRES(산불)

1 정의(Definition)

숲에서 가장 흔한 위험은 산불이다. 산불은 숲 자체만큼 오래되었다. 산불은 산림 자원뿐만 아니라 지역의 생물 다양성과 생태 및 환경을 심각하게 교란시켜 동식물 군에 대한 전체 체제에 위협이 된다.

몇 달 동안 비가 내리지 않는 여름 동안, 숲은 마른 노쇠한 잎사귀와 잔가지로 뒤덮이게 되고, 작은 불꽃에도 불이 붙을 수 있다. 히말라야 숲, 특히 히말라야의 Garhwali는 지난 몇 년간 여름이면 화재가 발생하여 그 지역의 초목지역이 크게 손실되었다.

산불은 자연에 불균형을 일으키고 동식물을 감소시켜 생물 다양성을 위협한다. 전통적인 화재 예방 방법은 효과가 입증되지 않았으며, 산림 지역 근처 또는 숲 지역에 거주하는 사람들 사이에서 이 문제에 대한 대중의 인식을 높이는 것이 필수적이다.

출처 : www.freepik.com/premium-vector/cartoon-forest-fire-burning-trees-wildfire-natural-disaster-effect-climate-change-global-warming-bushfire-flames-vector-illustration_24656150.htm

② 산불의 원인(Causes of Forest Fires)

① **환경적 원인** : 번개 등 자연 원인에서 많은 산불이 시작된다. 그러나 비는 화재를 끄고 피해를 많이 주지 않는다. 높은 공기 온도와 건조(저습도)가 화재의 시작을 용이하게 한다.

② **인위적 원인** : 노출된 불꽃, 담배, 전기 스파크 등 불에 가연성물질이 노출되면 화재가 일어난다.

산불의 원인은 두 가지로 분류할 수 있다:

① **환경적 원인(제어 불가)**

② **인위적 원인(제어 가능)**

1) 환경적 원인

온도, 풍속 및 풍향, 토양 및 대기의 수분 수준, 건기 기간과 같은 기후 조건과 주로 관련이 있다.

다른 환경적 원인으로는 높은 풍속으로 인해 흔들리는 대나무의 마찰과 숲 바닥의 고인화성 잎사귀에 불똥이 튀는 결과를 초래하는 구르는 돌이 있다.

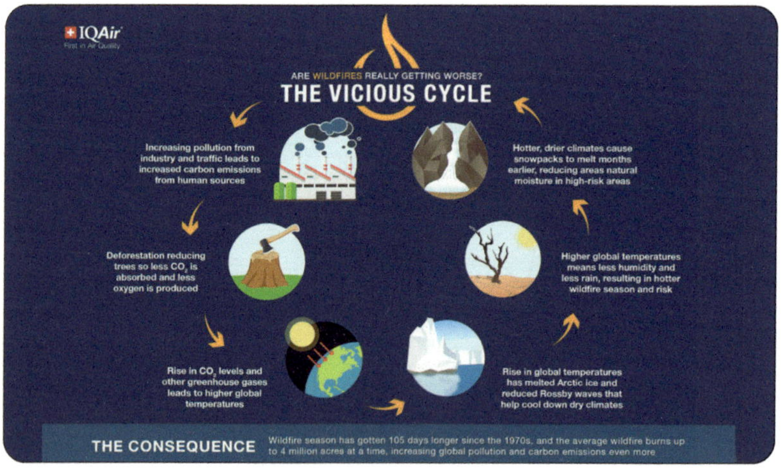

출처 : https://www.iqair.com/ko/newsroom/wildfires-increasing-or-decreasing

2) 인위적 원인

이는 산림 관리 방법뿐만 아니라 인간 활동의 결과이다. 이는 의도적이거나 의도하지 않은 것일 수 있다.

예로는 다음이 있다:

- 좋은 풀을 얻기 위해 작은 불을 피우기 시작하는 다양한 임산물의 목축업자 및 농부들.
- 야생 동물을 쫓기 위해 마을 사람들이 불을 사용하는 것.
- 휴양을 위해 숲 주변에 사는 사람들이 의도적으로 불을 붙인 것.
- 담배꽁초를 버리는 부주의한 숲 방문자에 의해 우연히 시작된 화재.

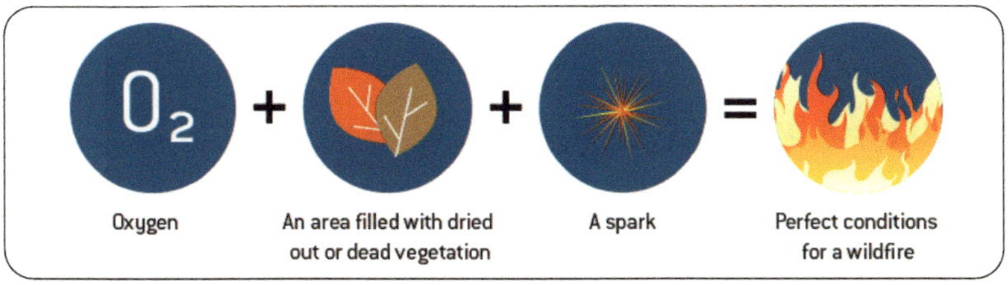

출처 : https://www.directenergy.com/learning-center/wildfire

산불의 원인은 급속도로 증가하고 있다. 이 문제는 증가하는 인구와 가축으로 인해 더욱 악화되었다. 사람들은 소를 방목하고 땔감, 목재 및 기타 소규모 임산물을 수집하기 위해 훨씬 더 자주 숲을 사용한다. 인도에서 발생하는 산불의 90%는 인공적인 것으로 추정된다.

출처 : https://www.countynewscenter.com/vehicles-remain-a-top-cause-of-local-wildfires/

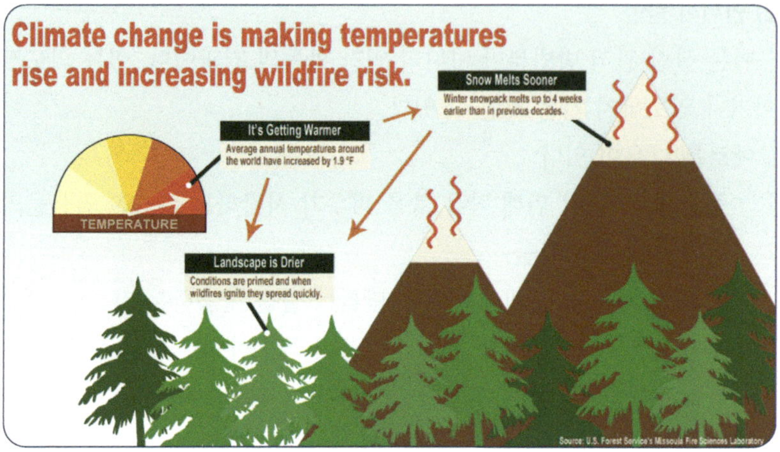

출처 : https://www.pinterest.co.kr/pin/the-impacts-of-climate-change-365143482272042499/

③ 산불의 악영향(Adverse Effects of Forest Fires)

화재는 산림 황폐화의 주요 원인이며 다음을 포함한 광범위한 생태적, 경제적, 사회적 영향을 미친다.

- 목재 자원의 손실
- 집수지역의 손실
- 생물 다양성의 손실과 식물과 동물의 멸종
- 야생동물 서식지 손실 및 야생동물 고갈
- 자연 재생 손실 및 산림 면적 감소
- 지구 온난화
- 카본싱크 자원 손실 및 대기 중 CO_2 비율 증가
- 지역 생활 환경에 악영향을 미치는 미세기후의 변화
- 토양의 생산성과 생산에 영향을 미치는 토양 침식
- 오존층 파괴
- 질병으로 이어지는 건강 문제
- 약 3억 명의 사람들이 생계를 위해 산림 지역의 비목재 임산물 수집에 직접적으로 의존하기 때문에 부족민과 농촌 빈곤층의 생계에 손실이 발생한다.

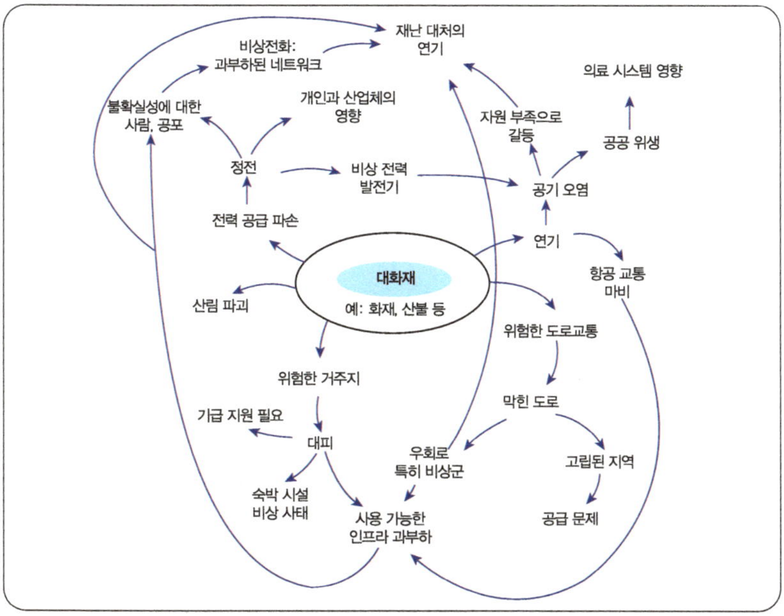

출처 : Dirk Helbing, Hendrik Ammoser, Christian Kuühnert(2006), Disasters as Extreme Events and the Importance of Network Interactions for Disaster Response Management, Extreme Events in Nature and Society

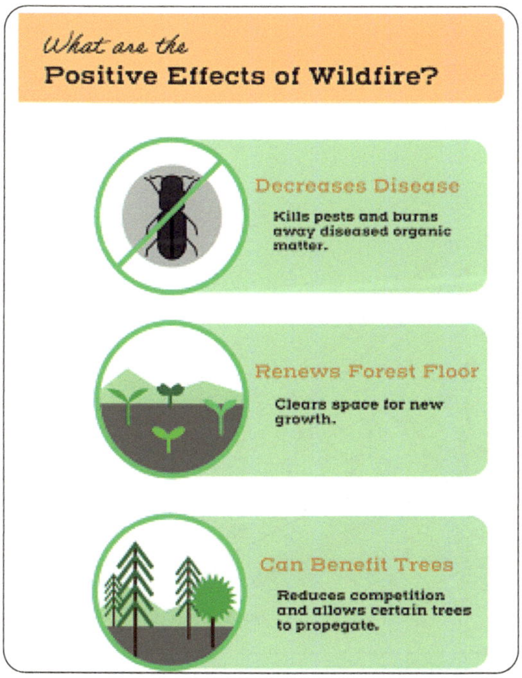

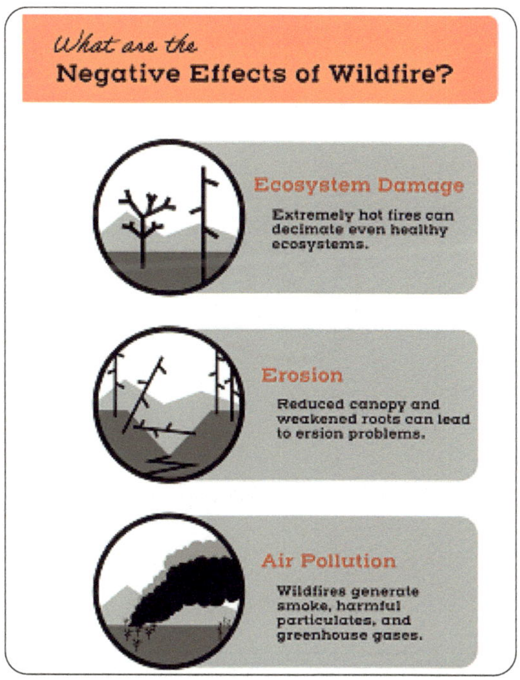

출처 : https://wfca.com/articles/effects-of-wildfires-on-the-environment/

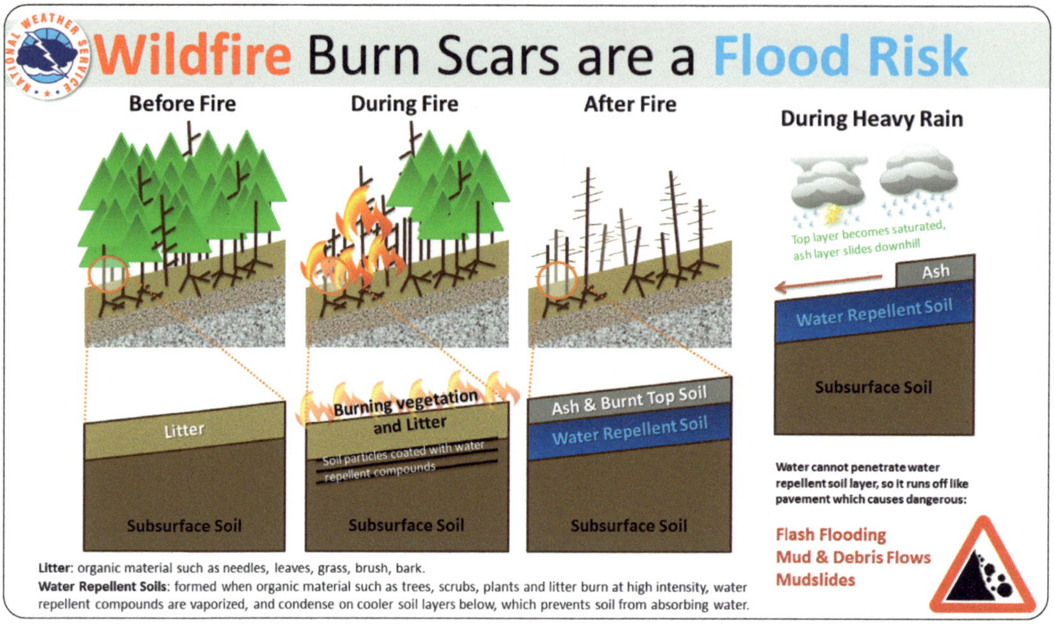

출처 : https://wfca.com/articles/effects-of-wildfires-on-the-environment/

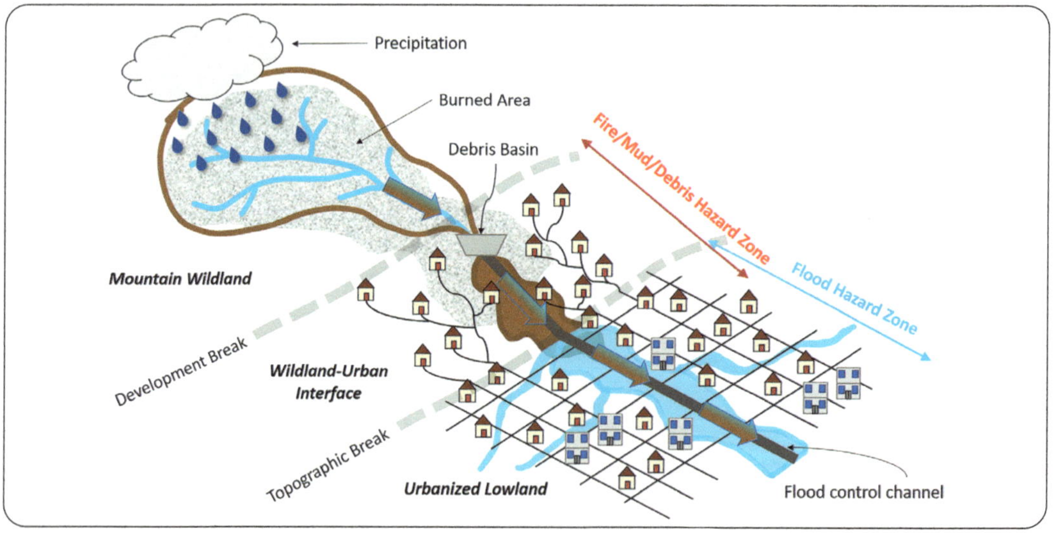

출처 : https://coastalscience.noaa.gov/news/model-quantifies-increased-flood-debris-risk-in-southern-california-after-wildfires/

4 산불 관리의 필요성(The Need of Fire Management)

전국의 산불 발생률이 증가하고 있으며 매년 더 많은 지역이 불타고 있다. 이러한 상황의 주요 원인은 문제에 대한 단편적인 접근 방식이다.

체계적인 산불 관리 프로그램을 유지하는 데 필요한 국가적 초점과 기술 자원이 부족하다. 전략적 소방 센터, 부처 간 조정, 자금 조달, 인적 자원 개발, 화재 연구, 화재 관리 및 확장된 계획과 같은 중요한 산불 관리 요소가 누락되어있다.

문제의 심각성을 고려할 때 국가의 산불 관리 전략에서 몇 가지 중요한 개선이 필요하다. 인도 정부의 환경 및 산림부는 산불 통제를 위한 국가적 종합 계획을 준비했다. 이 계획은 다음 구성 요소를 포함해 조정되고 통합된 화재 관리 프로그램을 도입할 것을 제안한다.

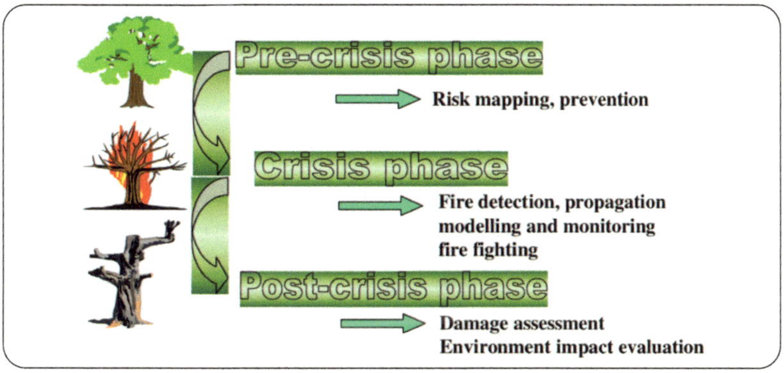

출처 : Ghaleb Faour(2004), FOREST FIRE FIGHTING IN LEBANON USING REMOTE SENSING AND GIS, Technical Report

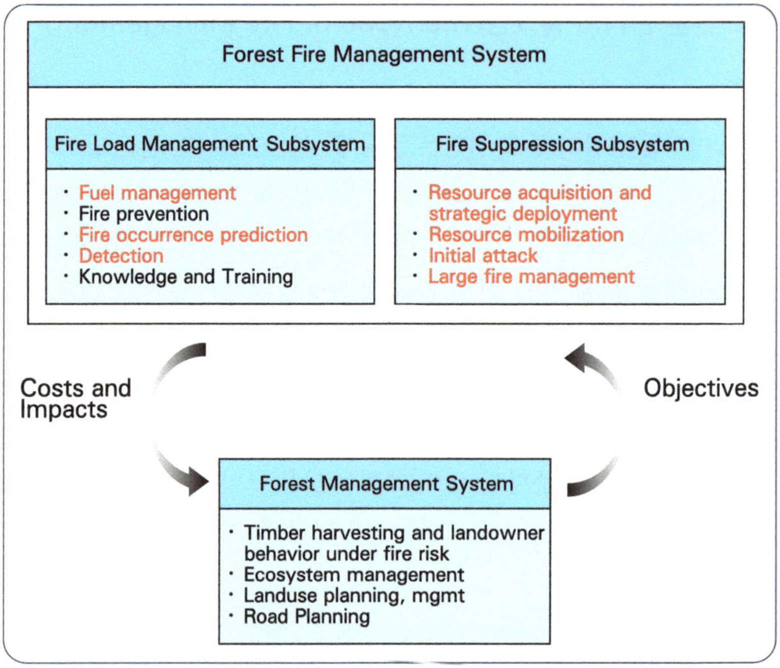

출처 : Ross D Collins(2012), Forest Fire Management in Portugal: Developing System Insights through Models of Social and Physical Dynamics, Massachusetts Institute of Technologyt

- **교육과 환경 개선을 통한 인명 화재 예방** : 문화 활동, 엔지니어링 작업, 사람들의 참여, 교육 및 집행이 포함된다. 산불예방을 위한 산불공동관리를 통한 국민참여를 더욱 강조할 것을 제안한다.
- 적합하게 조정된 관측 지점의 네트워크, 효율적인 지상 순찰 및 통신 네트워크를 통해 신속한 화재 감지. 원격 감지 기술은 화재 감지에 매우 중요하다. 성공적인 화재 관리 및 관리를 위해 국가 화재 위험 등급 시스템(NFDRS) 및 화재 예측 시스템이 국가주도 개발된다.
- 빠르고 공격적인 초기 조치.
- 적극적인 후속 조치.
- 산림 연료 조작의 도입.
- 전략지점에 산림연료 조작시스템을 도입.
- 소방 자원.

위의 각 구성 요소는 전반적인 화재 관리 시스템의 성공에 중요한 역할을 한다. 특히 연구, 교육 및 개발에 중점을 두어야 한다.

CHAPTER 09

easy-to-understand BASIC DISASTER SCIENCE

INDUSTRIAL HAZARDS (산업 재해)

1 정의(Definition)

산업 재해는 산업에서 발생하는 작업자의 부상이나 사망 또는 제품이나 재산의 손실을 초래할 수 있는 모든 조건으로 정의될 수 있다.

출처 : https://chemicalengineeringworld.com/types-of-hazards-in-industry/

2 산업 재해 유형

① 기계적 위험
② 전기 위험
③ 화학적 위험성
④ 화재 위험
⑤ 먼지(분진) 위험
⑥ 사고기록

출처 : https://www.vecteezy.com/vector-art/2628450-warning-signs-industrial-hazards-icon-labels-sign

1) 기계적 위험(https://vimeo.com/453188581)

기계적 위험은 기계 또는 공정과 관련되어 있다. 자동차와 에어백은 기계적 위험을 초래한다. 압축 가스 또는 액체도 기계적 위험 요소로 간주될 수 있다.

기계적 위험의 원인

- 기계가 오작동할 때 발생.
- 수동 또는 자동으로 작동되는 기계.
- 절단, 전단, 분쇄, 파쇄를 위한 기계.
- 대부분의 사고는 기계가 제대로 작동하기 위해 반복적으로 사람의 개입이 필요할 때 발생.
- 적절한 전원 공급 장치(전기 또는 증기)로 구동되는 기계.

기계적 위험 예방

- **접촉 방지** : 보호 장치는 작업자의 손, 팔 또는 신체 일부가 위험한 움직이는 부품에 닿지 않도록 해야 한다.
- **보안 조치** : 작업자가 안전 장치를 쉽게 제거할 수 없어야 한다. 가드 및 안전 장치는 정상적인 사용 조건을 견딜 수 있는 내구성 있는 재료로 만들어져야 한다.
- **낙하물로부터 보호** : 안전 장치는 어떤 물체도 움직이는 부품으로 떨어지지 않도록 해야 한다. 순환운동을 하는 기계에 떨어뜨린 작은 부품은 쉽게 사람을 위협할 수 있는 발사체가 될 수 있다.
- **안전한 윤활 허용** : 가능하면 안전 장치를 제거하지 않고도 기계를 윤활할 수 있어야 한다. 윤활 지점으로 연결되는 라인과 함께 가드 외부에 오일 저장소를 배치하면 작업자 또는 유지보수 작업자가 위험 구역에 들어갈 필요성이 줄어든다.

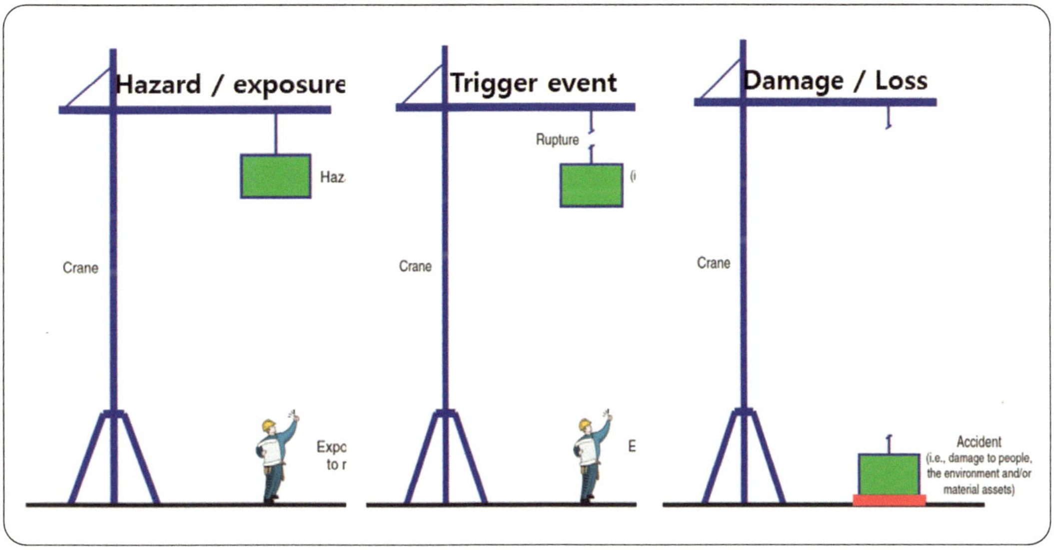

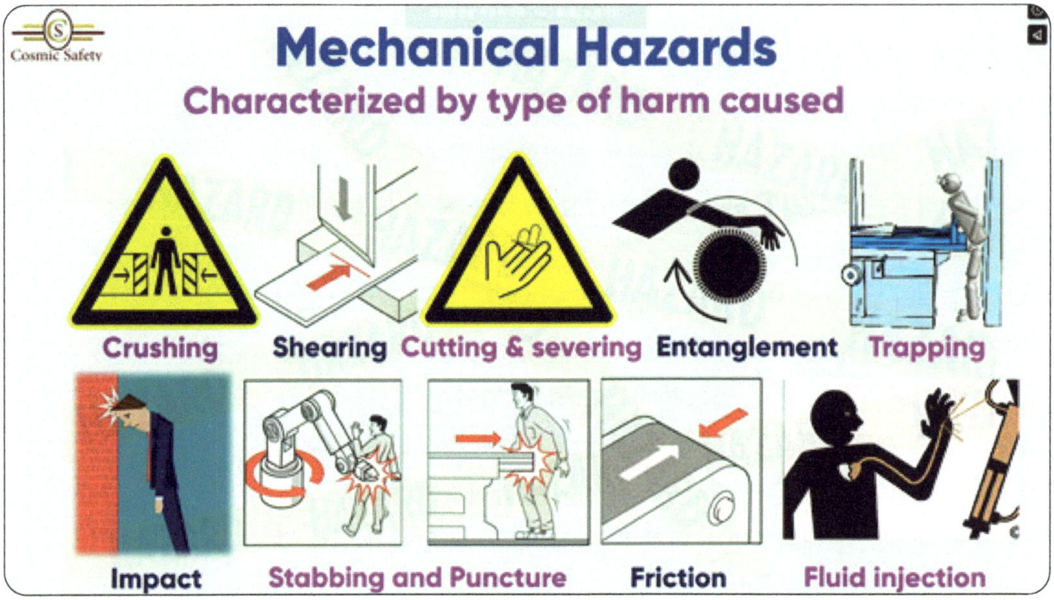

출처 : https://vimeo.com/453188581

2) 감전재해 :

감전은 일반적인 전기적 위험 중 하나로 전류가 몸을 통과할 때 발생한다. 이는 사람이 전류가 흐르는 도체와 접촉하고 동시에 접지와 접촉할 때 발생하며 이를 단락이라고 한다.

전기적 위험의 원인

전기적 위험의 다양한 원인은 단락, 정전기 위험 및 폭발성 물질이다.

작업자는 다음과 같은 경우 감전을 당한다:

- 전압이 다른 두 전선을 동시에 접촉.
- 땅 위에 서서 접촉한 상태.
- 젖은 천과 습도가 높은 상과의 접촉.
- 제대로 접지되지 않은 전기 부품.
- 감전된 다른 사람을 만지는 행위.

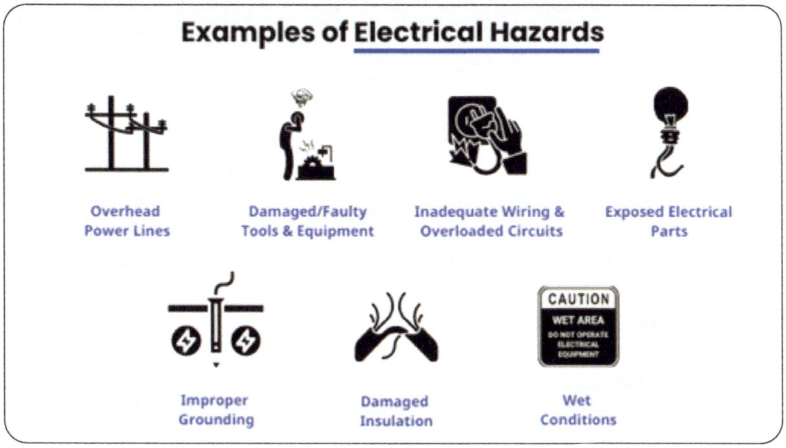

출처 : https://safetyculture.com/topics/electrical-hazards/

감전재해 예방

- 전원 스위치가 꺼진 상태에서 전원 장비를 벽 콘센트에 꽂아야 한다.
- 전기 장비는 장비의 플러그를 뽑기 위해 코드를 잡아당겨서는 안되며 플러그를 잡고 잡아당겨 뽑아야 한다.
- 장비 코드의 노후되고 금이 가거나 노출된 배선은 수리되어야 한다.
- 또한 전원 코드가 장비 또는 부착 플러그에 들어가는 위치에서 코드 클램프의 결함이 있는지 확인.
- 전기 장비에서 3피트(약 1미터) 이내에 재료를 임시 또는 영구 보관해서는 안 된다.
- 감전을 유발하거나 누전 가능성이 높은 모든 전기 장비에는 DANGER—DO NOT USE 라벨 또는 이와 동등한 태그가 붙어 있어야 한다.

3) 화학적 위험(Chemical Hazards)

화학적 위험은 특정 상황에서 화학적 사고가 발생할 수 있는 시스템이다. 이러한 사고에는 사람들이 병에 걸리거나 부상을 입거나 불구가 될 수 있는 화재, 폭발, 독성 또는 유해 물질의 유출 또는 방출이 포함된다. 화학 사고란 위험한 화학 물질을 취급하는 과정에서 갑작스럽거나 우발적으로 발생하여 지속적, 간헐적 또는 반복적으로 노출되어 사람의 사망이나 부상 또는 재산 피해를 초래하는 사고를 의미한다. 단, 전쟁 또는 방사능으로 인한 사고는 포함되지 않는다.

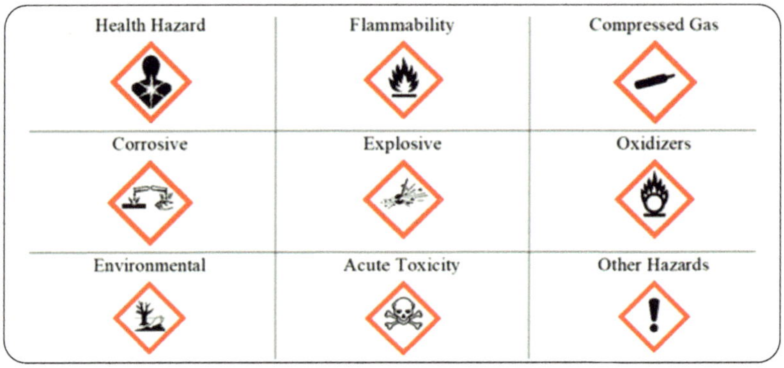

출처 : https://engineering.virginia.edu/departments/chemical-engineering/laboratory-safety/chemical-hazards

화학적 위험의 원인

- 추출 공장, 합성 약물 정제 및 화학 분석에 사용되는 용매는 증기를 생성할 수 있다.
  이 증기 또는 가스는 다음을 발생시킬 수 있다.
  - 작업자의 호흡 문제 및 질식.
  - 작업자의 눈이나 피부에 자극이나 화상.
  - 작업장에서의 폭발.
  - 전신 마비 또는 사망.(예 클로로포름 및 에테르 증기)
- 작업자에게 액체 화학 물질이 쏟아질 경우 발생
  - 강한 탈수제에 의한 탈수.(예 농축 황산)
  - 강산 또는 강알칼리에 의한 연소.
  - 강한 산화제에 의한 산화.
- 다른 장비에서 생성된 화학 물질의 먼지로 발생
  - 작업자에게 피부염 또는 먼지 알레르기 발생.
  - 피부 및 눈 자극.
  - 특정 항생제에 대한 내성.(예 동일 작업자가 클로로포름에 정기적으로 노출되는 경우 내성이 발생)
  - 일부 먼지는 발암성일 수 있음.

화학적 위험 예방

- 화학 물질로 작업을 시작하기 전에 화학 물질에 대한 필요한 정보를 위해 "화학 위험 포켓 가이드"를 참조해야 한다. 이는 화학 물질이 생성할 수 있는 반응 유형, 가연성, 발암성, 예방 및 치료 절차 등을 제공한다.
- 화학 물질이 사용되는 곳에서 음식섭취 및 흡연해서는 안 된다.
- 피부는 보호복으로 보호되어야 한다.
- 의복은 젖거나 화학물질로 오염되면 즉시 벗어야 한다.
- 사고 시에는 다량의 물로 눈이나 피부를 씻어야 한다.
- 안면 마스크는 유독성 먼지나 가스에서 사용할 수 있다.
- 항생제 관련 제품에 종사하는 근로자는 개인이 특정 항생제에 장기간 노출되지 않도록 정기적으로 교체되어야 한다.
- 먼지 알레르기 또는 호흡기 문제가 발생될 때마다 작업자는 즉시 작업장에서 이탈해 적절한 치료를 받아야 한다.
- 인화성 가스 또는 용매가 누출된 경우 배기팬을 작동시키고 모든 화재원을 제거해야 한다.

4) 화재위험(Fire Hazards)

화재위험은 작업장에 화염이 존재하거나 통제가 불가능한 화재가 발생할 위험을 말한다.

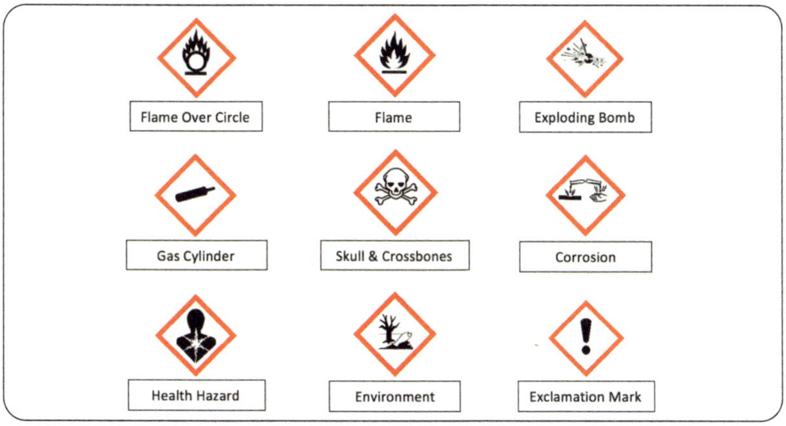

출처 : https://www.safeopedia.com/definition/739/fire-hazards

화재위험 원인

- Class A Fires : 이 화재의 가연성 물질에서는 나무, 천, 종이 등이 있다. 이 화재는 불씨를 만든다.
- Class B Fires : 이것은 가연성 석유 제품, 액체, 가스 및 기름 등의 화재이다.
- Class C Fires : 화재에 관련된 열을 발생하는 전기장비
- Class D Fires : 가연성 금속의 화재

화재 위험 방지

- **소화기** : 소화기는 다음과 같이 작동한다.
  - 연료제거, 예를 들어 거품으로 덮거나 연료와 화염 사이에 가스층을 끼운다.
  - 산소를 제거, 예를 들어 불활성 가스 또는 증기로 희석한다.
  - 물 또는 기타 소화제로 냉각하여 열을 제거한다.
- **수성 소화기** : 수성 소화기는 산과 탄산염과의 반응에 의해 이산화탄소를 생성하거나, 이산화탄소를 압력을 가한 상태로 유지한다. (예 휴대용 소화기, 소다재 소화기, 부동액 소화기.)
- **수성 발포체** : 선택할 수 있는 두 가지 유형의 화학 거품 및 기계 거품이 있다. 화학 거품은 발포제와 혼합된 수용액에서 화학 반응에 의해 생성되는 CO_2로 채워진 거품이다. 반응하는 화학물질은 보통 탄산나트륨과 황산암모늄이며 기계적 거품은 공기로 채워진 거품이다. 거품은 장벽을 형성하고 연료와 공기 사이의 접촉을 방지한다.
- **건조 화학물질** : 건조 화학물질은 보통 호스 파이프를 통해 배출되는 미세하게 분할된 고체입자이다. 보통 건조 화학물질은 탄산수소나트륨, 탄산수소칼륨, 황산암모늄을 포함한다.

5) 분진 위험(Dust Hazards)

가연성 분진은 크기, 모양, 화학적 구성에 관계없이 별개의 입자 또는 조각으로 구성된 고체 물질로 정의되며, 농도 범위에 걸쳐 공기 또는 다른 산화 매체에 부유할 때 화재 또는 폭염 위험을 나타낸다.

출처 : https://rvtgroup.co.uk/insights-resources/free-poster-dust-hazards-cartoon, https://www.keysigns.co.uk/signs-c2/safety-signs-c3/hazard-warning-signs-c4/harmful-substances-and-chemicals-warning-signs-c20/warning-dust-hazard-signs-p883

분진 위험의 원인

- 약물, 첨가제의 분쇄 또는 밀링 그리고 허브제품이 있다.
- 무게를 측정하는 동안 분진이 공기 중에 떠다닐 수 있다.
- 분말 혼합 중에 분진이 발생할 수 있다. 코팅 작업 중 분진이 발생한다.
- 캡슐 주입 및 정제 천공 작업 중 분진이 발생할 수 있다.

분진 위험 방지

- **필터** : 공기는 적절한 필터 매체(종이, 양모, 면모 및 나일론)를 통해 흡입된다. 필터 백은 분진이 발생하는 기계와 함께 부착할 수 있다.
- **관성 분리기** : 사이클론 분리기에서 공기는 나선형 방식으로 고속으로 순환한다. 원심력에 의해 분진 입자들이 바깥으로 튕겨져 나와 바닥

에 입자들이 모여지고 깨끗한 공기가 상단을 통해 나온다.

- **정전기 분리기** : 와이어가 통과하는 금속 튜브로 구성된다. 전선에는 수천 볼트의 직류가 흐르고 공기가 덕트를 통과하면서 정기적으로 먼지 입자가 모이게 되는데, 이 때 덕트 내벽에 침전되어 깨끗한 공기를 배출하게 된다.

CHAPTER 10

easy-to-understand BASIC DISATER SCIENCE

EPIDEMICS& PANDEMICS(전염병)

1 정의(Definition)

전염병은 일반적으로 2주 이하의 짧은 기간 내에 특정 인구에서 다수의 사람들에게 감염병이 빠르게 퍼지는 것을 말한다.

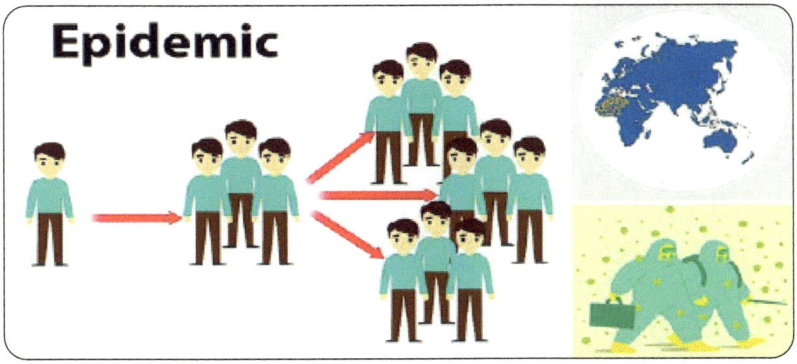

출처 : https://thebiologynotes.com/epidemic-causes-types-and-response/

전염병은 한 곳으로 제한 될 수 있지만, 다른 나라나 대륙으로 확산되어 많은 사람들에게 영향을 미치는 경우에는 대유행이라고 할 수 있다.

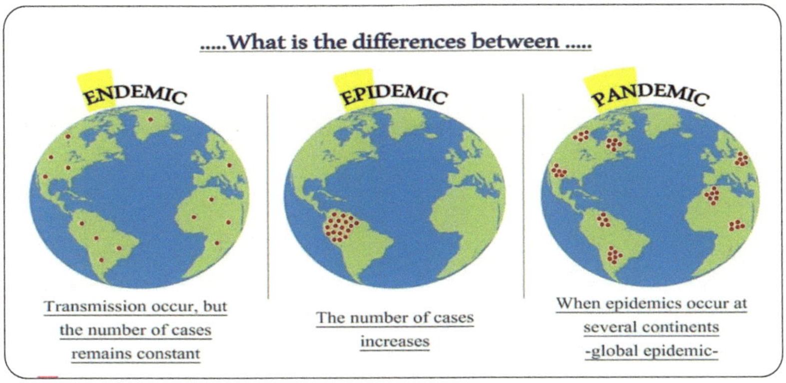

출처 : https://abilenetx.gov/978/Epidemics-and-Pandemics

② 전염병의 원인(Cause of Epidemics)

▸ 전염성 질병의 확산과 관련된 전염병은 세균이 전염되는 구체적인 방법에 대한 지식이 부족하고 질병의 확산을 통제하는 데 효과적인 치료 능력이 없기 때문에 발생한다. 바이러스, 박테리아, 곰팡이, 그리고 질병 유기체의 분류인 원생동물이 있다. 각각의 변종은 인체나 다른 살아있는 유기체에 노출될 때 돌연변이를 일으킬 수 있고 그 질병의 새로운 변종을 형성할 수 있다. 많은 환경적 요인들이 돌연변이에도 영향을 미칠 수 있어서 과학자들과 의사들이 이것을 따라잡기는 매우 어렵다. 따라서 새로운 위생적 예방 조치와 치료법이 발견되기 전에 많은 질병이 빠르게 확산하여 유행하게 된다.

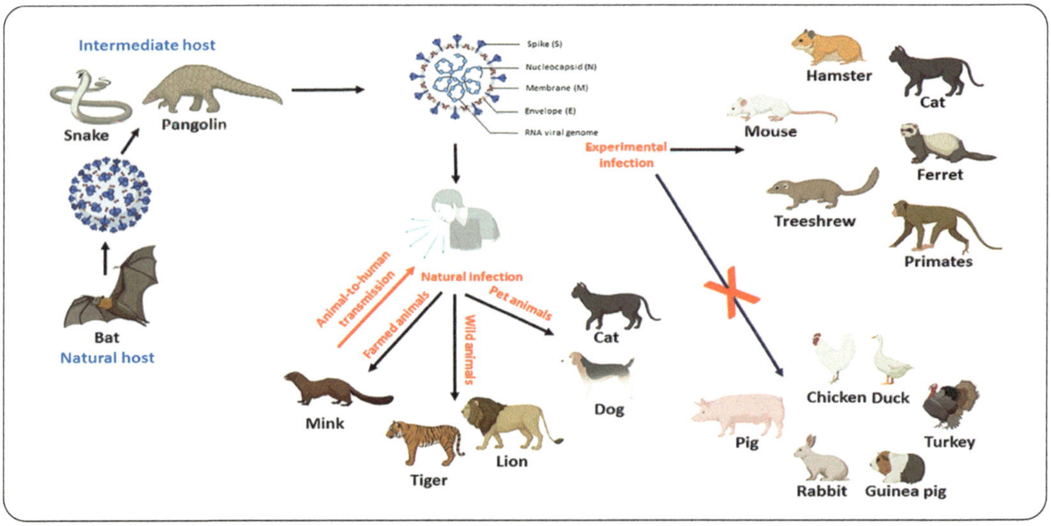

출처 : Abrar Ul Haq Wani, Mohamed El-Shazly, S.s. Randhawa(2021), Accentuating One Health perspectives of Covid-19, The Science World A monthlyeMagazine

- 전염병의 발생을 지배하는 조건은 오염된 식수와 같은 감염된 음식 공급과 매개체 역할을 할 수 있는 쥐나 모기와 같은 특정 동물의 개체군 이동을 포함한다. 특정 유행병은 특정 계절에 발생한다.
- 예를 들어, 백일해는 봄에 발생하는 반면, 홍역은 겨울에 발생하고 3월에 발생하는 두 가지 전염병을 발생시킨다. 인플루엔자, 일반적인 감기, 그리고 인후염과 같은 다른 상기도감염* 은 주로 겨울에 주로 발생한다. 영향을 받은 사람의 수와 연속적인 전염병으로 사망하는 사람의 수에 관해서는 또 다른 차이가 있다. 연속적인 전염병의 심각성은 5년 또는 10년에 걸쳐 증가하고 감소한다.

* **상기도감염** : 기도 중 상부에 해당하는 코, 인두, 목구멍, 후두 등의 상기도에 발생한 감염

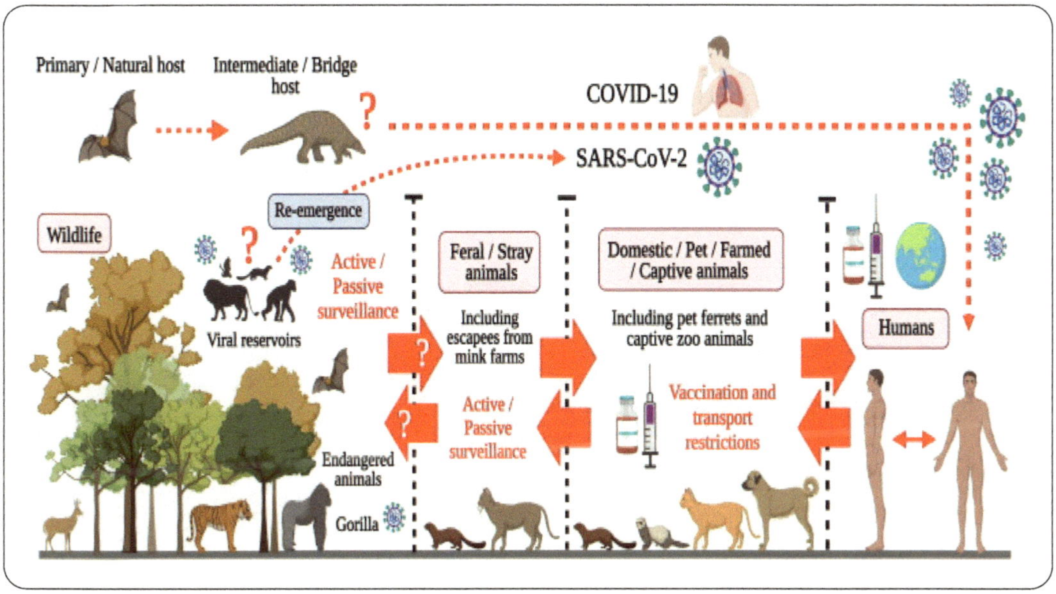

출처 : Sharun Khan, Ruchi Tiwari, Abdulrahman A. Saied, Kuldeep Dhama(2021), SARS-CoV-2 vaccine for domestic and captive animals: An effort to counter COVID-19 pandemic at the human-animal interface, Vaccine

③ 전염병의 대표적인 피해영향 (Typical Adverse Effects of Epidemics)

전염병의 직접적인 영향

- 전염병은 일반적으로 많은 수의 사람들에게 영향을 미쳐 장애와 합병증을 발생시키거나 죽음으로 이어질 수 있다.
- 질병의 발생과 확산을 촉진시키는 많은 질병 매개체가 항상 존재할 가능성이 있다.
- 특히 전염병 유행 중 가까운 친척들의 고통과 죽음을 볼 때, 심리적인 영향을 받는 일이 흔하게 일어난다.

전염병의 간접적인 영향

- 긴장관계와 치안문제로 인한 사회·정치적 혼란.
- 경작물의 재배능력 부족으로 인한 경제적 손실.
- 깨끗한 음식과 물의 부족은 영양실조와 기아를 유발.

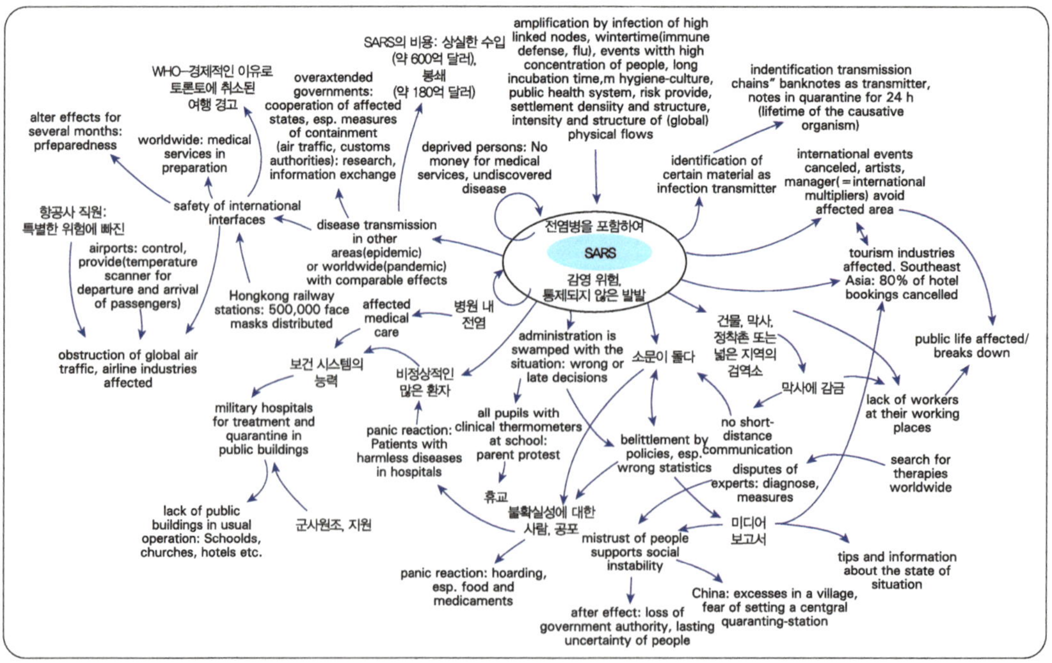

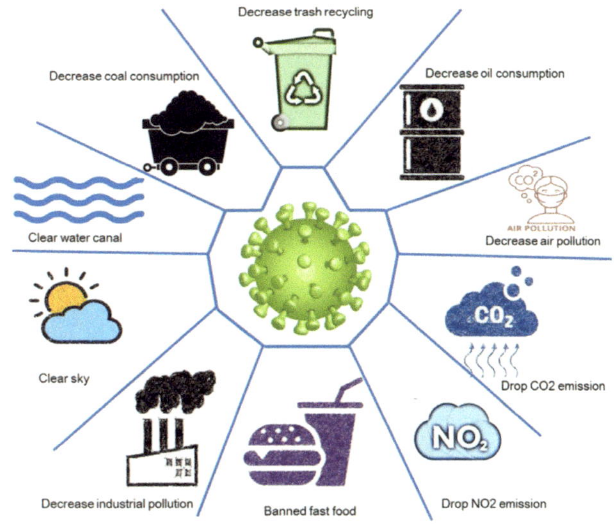

출처 : Hafez Mohamed Hafez, Youssef A Attia, Fulvia Bovera(2021), Influence of COVID-19 on the poultry production and environment, Environmental Science and Pollution Research

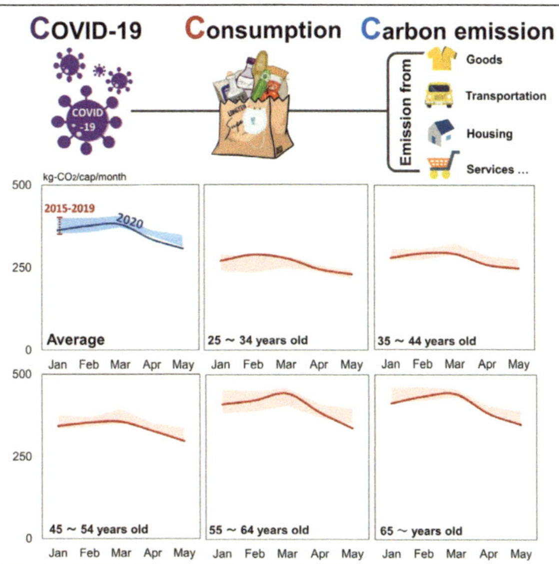

출처 : Yin Long, Dabo Guan, Keiichiro Kanemoto, and Alexandros Gasparatos(2021), Negligible impacts of early COVID-19 confinement on household carbon footprints in Japan, One Earth

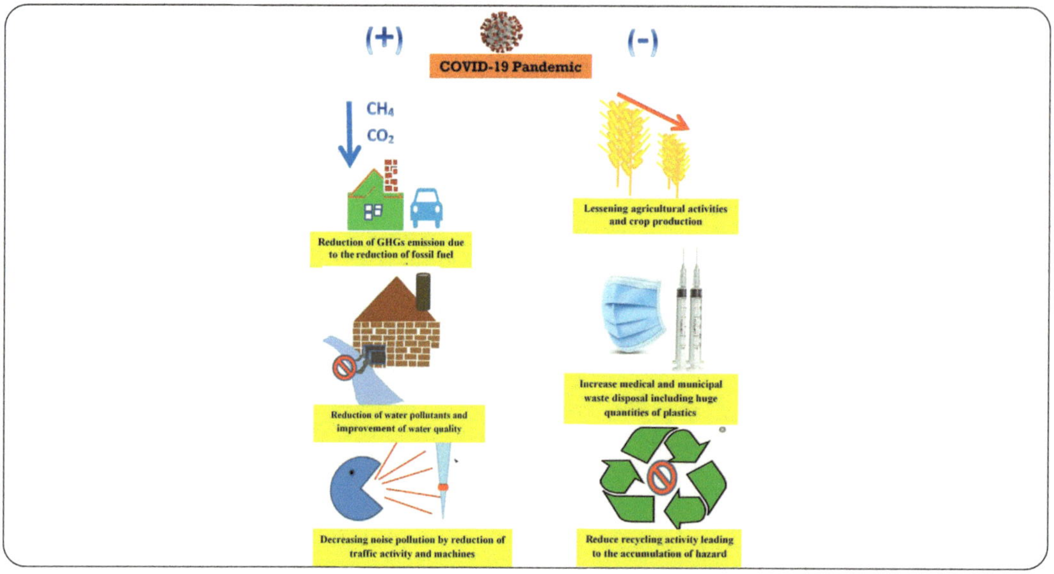

출처 : Hafez Mohamed Hafez, Youssef A Attia, Fulvia Bovera(2021), Influence of COVID-19 on the poultry production and environment, Environmental Science and Pollution Research

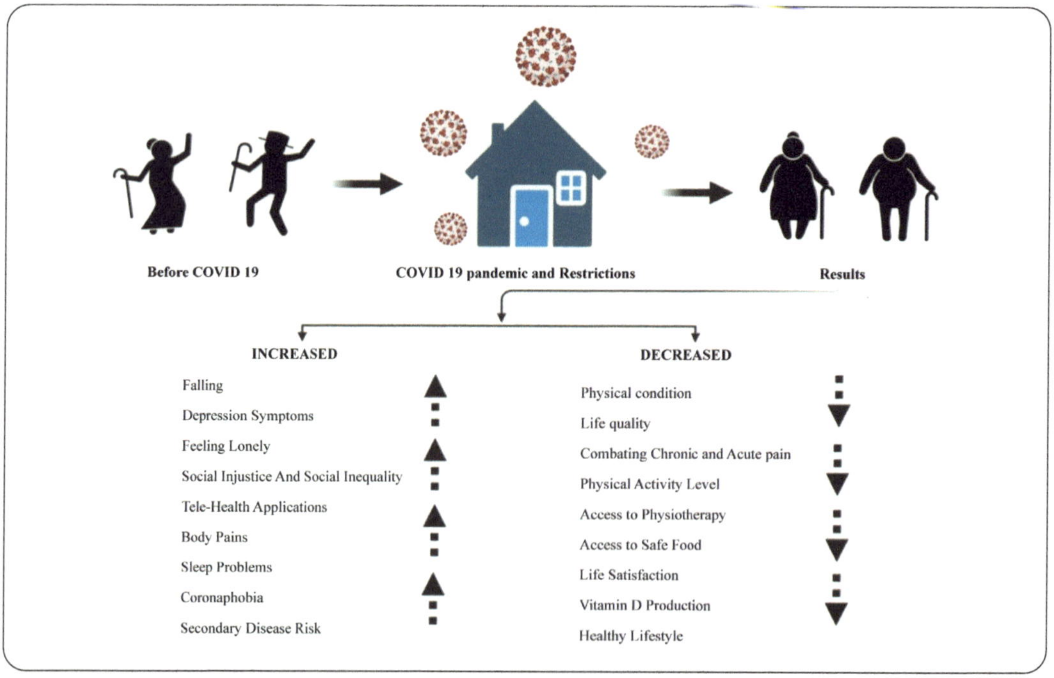

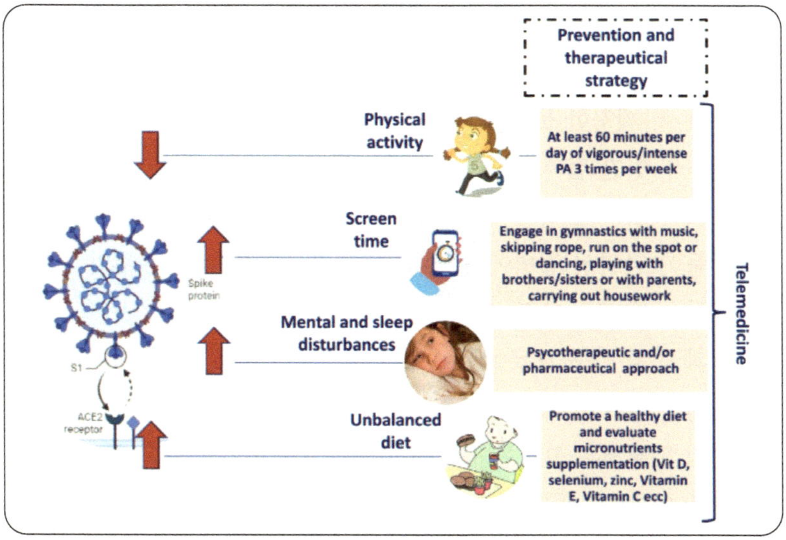

출처 : Scapaticci, S., Neri, C.R., Marseglia, G.L. et al(2022), The impact of the COVID-19 pandemic on lifestyle behaviors in children and adolescents: an international overview. Ital J Pediatr

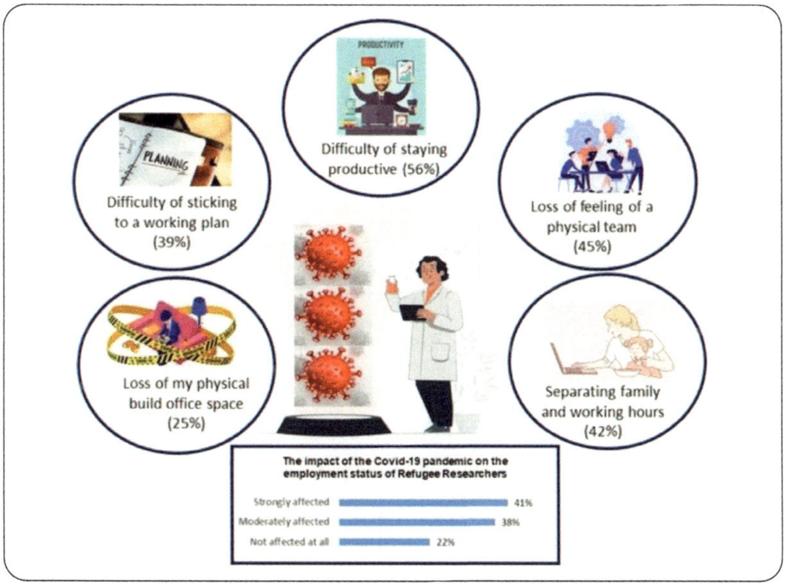

출처 : Tzoraki O, Dimitrova S, Barzakov M, Yaseen S, Gavalas V, Harb H, Haidari A, Cahill BP, Ćulibrk A, Nikolarea E, Andrianopulu E, Trajanovic M(2021), The Impact of the COVID-19 Pandemic on the Working Conditions, Employment, Career Development and Well-Being of Refugee Researchers. Societies

④ 완화 조치(Mitigation measures)

- 위생개선, 깨끗한 물 제공 및 더 나은 도시 인프라에 대한 투자는 병원체와의 인간 접촉 빈도를 줄일 수 있다.
- 강력한 건강 시스템을 구축하고 적절한 영양 섭취를 지원하는 것은 사람들이 감염성 질병에 덜 취약하게 만들면서 높은 수준의 건강을 보장하는 데 도움이 될 것이다.
- 사람과 동물 인구 모두에서 신뢰할 수 있는 질병 감시에 대한 투자는 전염병을 줄이는 데 도움이 될 것이다.
- 기술적 해결책은 상당한 규모의 발병과 전염병의 부담을 최소화하는 데 도움이 될 수 있다.
- 저항성 질병에 대항하는 새로운 항생제와 항바이러스제를 포함한 더 좋고 비용이 덜 드는 치료가 절실히 필요하다. 새롭고 개선된 백신은 훨씬 더 중요하다.

CHAPTER 11

easy-to-understand BASIC DISATER SCIENCE

HEAT WAVES(폭염)

1 정의(Definition)

폭염은 생리적 스트레스로 이어지는 대기 온도의 상태로, 때때로 인간의 생명을 앗아갈 수 있다.

- 폭염이란 격자점의 최대 온도가 정상 온도보다 3℃ 이상인 상태를 3일 이상 연속적으로 나타내는 것이다.
- 세계기상기구는 폭염을 일 최고기온이 평균 최고기온을 섭씨 5도 초과하는 5일 이상 연속적인 날로 정의한다.
- 어느 한 곳의 최고기온이 이틀 연속 45℃ 이상으로 계속되면 폭염 상태라고 한다.

주위온도를 37℃로 유지하면 인체에 해를 끼치지 않는다. 주변 온도가 37℃ 이상으로 올라갈 때마다 인체는 대기에서 열을 공급받는다. 습도가 높으면 37°C나 38°C의 온도에서도 열 스트레스 장애가 나타날 수 있다.

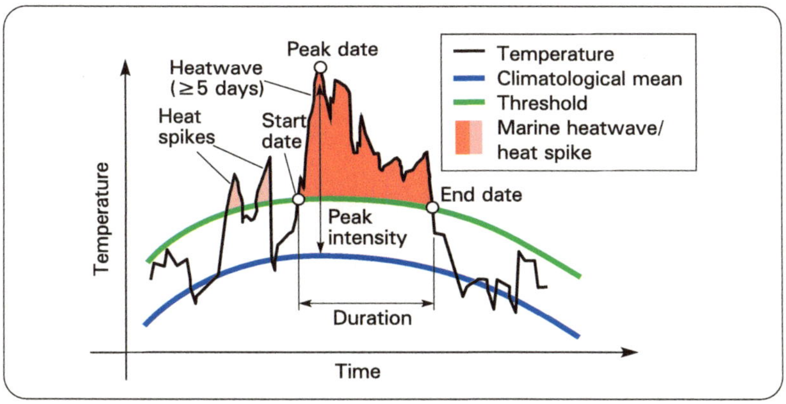

출처 : http://www.marineheatwaves.org/all-about-mhws.html

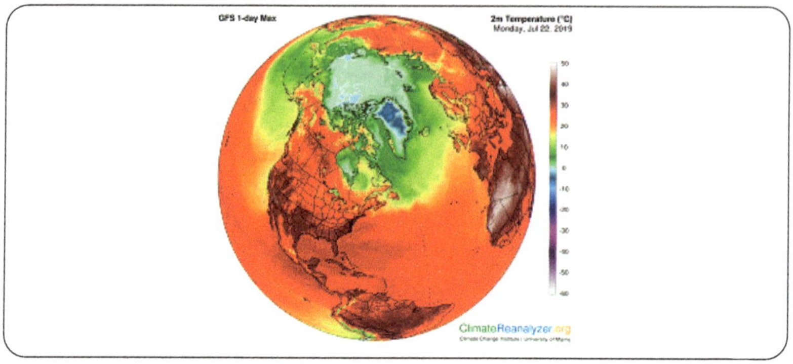

출처 : https://climatereanaly zer.org/

2 폭염의 원인(Causes of Heat waves)

폭염은 고기압이 한 지역으로 이동할 때 발생한다. 고기압은 대기 상층부에서 온 공기가 압축되어 온도가 증가한 지면으로 끌려간다. 이렇게 고기압은 다른 기상 시스템이 그 지역으로 이동하는 것을 어렵게 만들고 폭염이 며칠 또는 몇 주 동안 지속되게 한다. 시스템이 한 지역에 더 오래 머물수록 그 지역은 더 뜨거워진다. 고기압은 바람을 억세하여 바람이 불지 않게 한다. 또한 고기압 시스템은 그 지역에 구름이 들어오는 것을 막기 때문에, 햇빛을 많이 받게 되어 온도를 높인다. 이 모든 요소들의 조합이 우리가 폭염이라고 부르는 높은 온도를 유발시킨다.

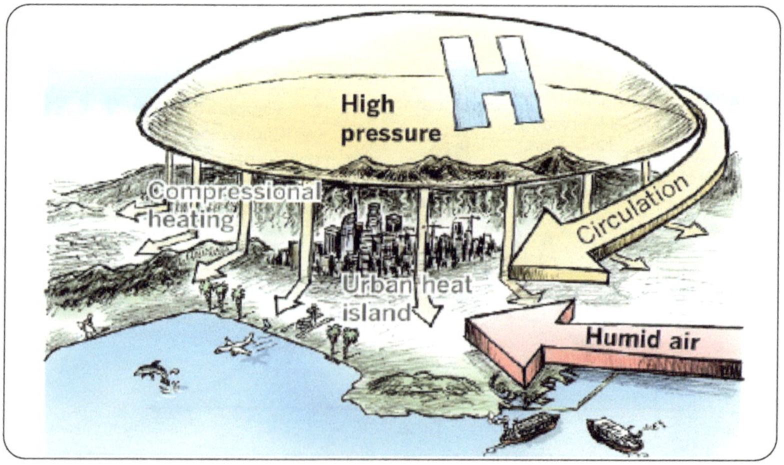

출처 : http://www.marineheatwaves.org/all-about-mhws.html https://climatereanaly zer.org/

③ 폭염의 피해영향(Adverse Effects of Heat waves)

- 폭염은 탈수, 땀띠, 열경련, 일광화상, 열탈진, 열사병 등과 같은 심각한 건강 위험을 야기한다.
- 과도한 열은 심리적 스트레스를 유발한다.
- 이례적으로 더운 기온은 여름철 피크 시간에 전력 수요 증가로 이어지고, 이는 에어컨 사용 증가로 인한 전력 급증으로 이어져 정전으로 이어질 수 있다. 그 결과, 전력 소비가 더 높고 더 넓은 피크 기간 동안 가용 전력 공급에 어려움을 겪는다.
- 가뭄에 폭염이 발생해 초목이 말라버리면 산불과 산불의 원인이 될 수 있다.
- 폭염으로 도로와 고속도로가 버클이 되어 물줄기가 녹고, 전력 변압기가 터지면서 화재가 발생할 수 있다.

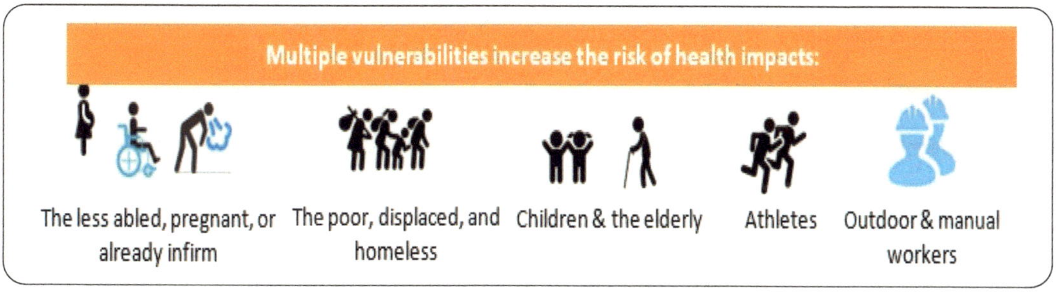

출처 : https://www.who.int/news-room/fact-sheets/detail/climate-change-heat-and-health

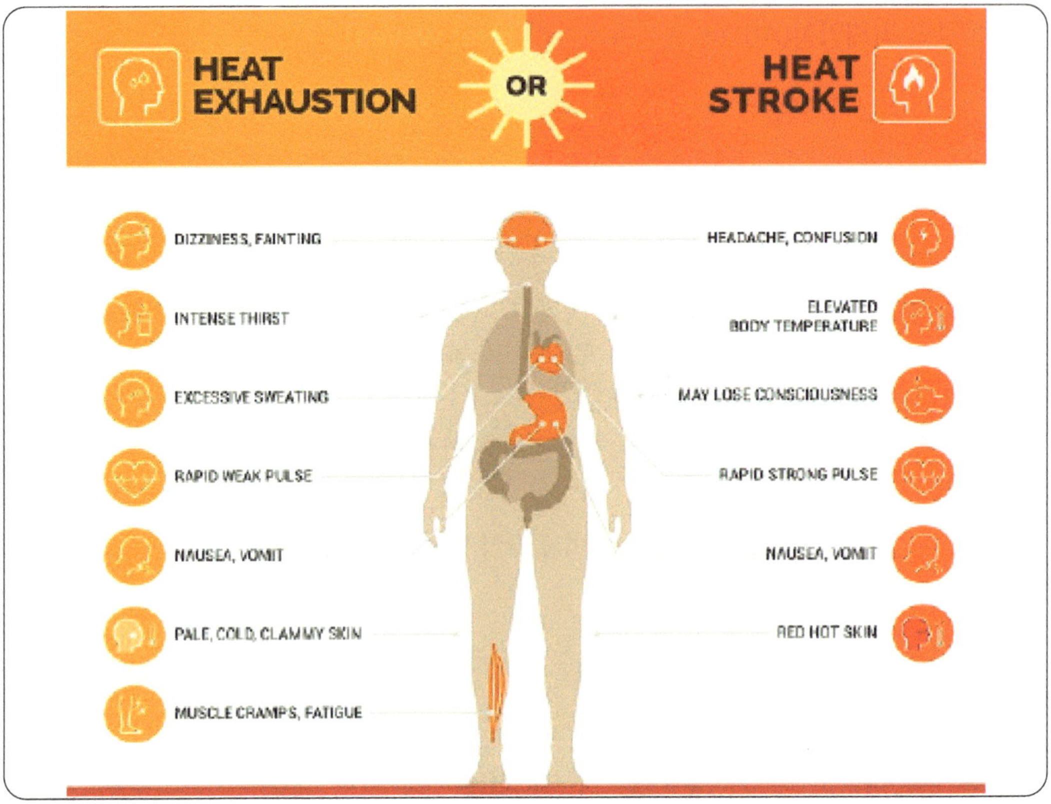

출처 : Heat exhaustion and heast stroke infographic

출처 : https://www.who.int/health-topics/heatwaves#tab=tab_1

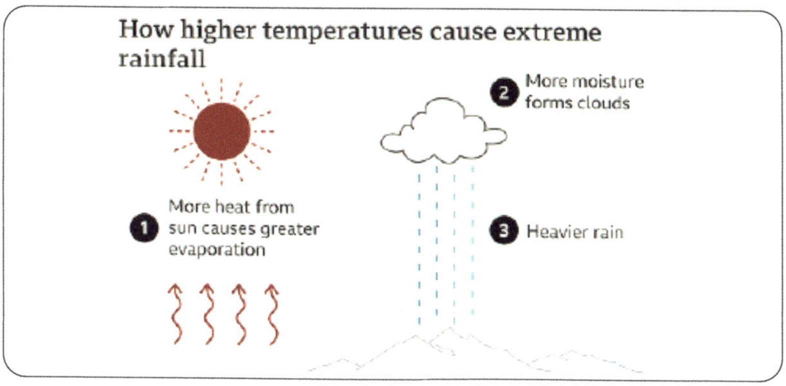

④ 완화 조치(Mitigation measures)

- 주민들에게 예상되는 더위와 극한 기온을 경고하기 위해 조기 경보 시스템과 기관 간 조정을 수립한다. 특히 건강 분야에서 개인과 부서가 무엇을, 언제, 어떻게 하는지 파악한다.
- 지역 수준의 의료 전문가를 위한 역량 강화/훈련 프로그램으로, 특히 극심한 더위 이벤트 중에 열과 관련된 질병을 인식하고 대응한다. 이러한 훈련 프로그램은 사망률과 질병률을 줄이기 위해 의료진, 구급대원 및 지역사회 보건 직원에게 초점을 맞춰야 한다.
- 대중 인식 및 지역사회 홍보 브로셔, 포스터 및 광고, 텔레비전 광고(TVC)와 같은 정보, 교육 및 커뮤니케이션(IEC) 자료를 통해 극심한 더위로부터 보호하는 방법에 대한 대중 인식 메시지를 전파한다. 열사병에 대한 해야 할 일과 하지 말아야 할 일, 치료법에 대해 설명한다.
- NGO 및 시민사회와의 협력: NGO 및 시민사회단체와 협력하여 버스 정류장 개선, 필요한 경우 임시 대피소 건설, 공공장소의 급수 시스템 개선 및 기타 폭염 문제를 해결하기 위한 혁신적인 조치를 취한다.

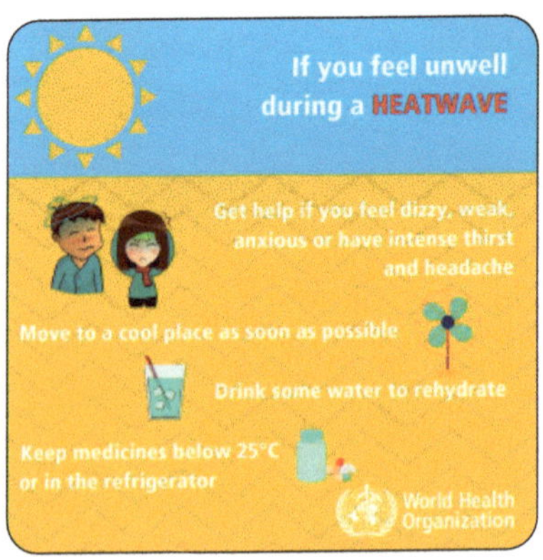

출처 : https://www.bbc.com/news/science-environment-58073295 https://www.who.int/health-topics/heatwaves#tab=tab_1

CHAPTER 12

COLD WAVES(한파)

1 정의(Definition)

한파는 기온이 급격하게 내려가는 현상이다. 차가운 대륙고기압의 발달과 북극진동 지수가 음으로 떨어지면서 약해진 제트기류로 인해 찬 공기가 남하할 때 나타난다.

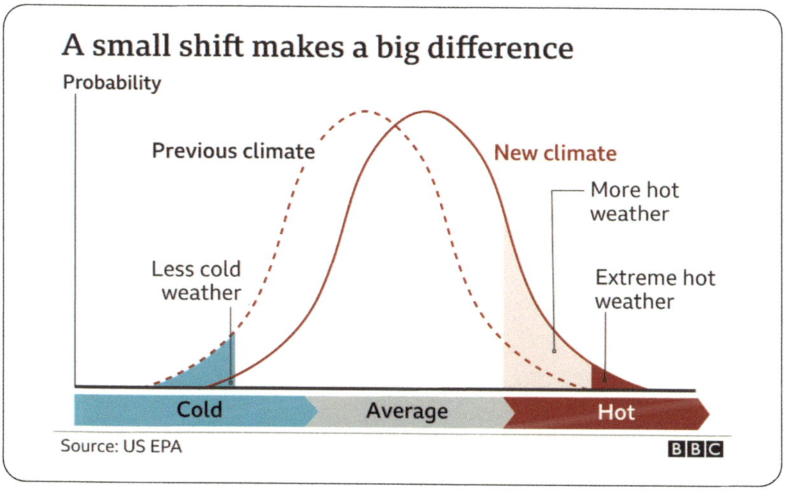

출처 : https://www.bbc.com/news/science-environment-58073295

대한민국 기상청(KMA)에서는 전날보다 아침 최저기온이 10℃나 15℃ 이상으로 떨어져 3℃ 이하로 내려거가나, -12℃나 -15℃ 이하가 2일 이상 지속 될 때 한파주의보와 한파경보가 발령된다. 미국 국립기상청(NWS)에서는 평균 기온이 전날보다 7℃(20°F) 이상 떨어지는 것으로 정의한다.

2 한파의 원인(Causes of Cold waves)

한파의 주요 원인 중 하나로 지구온난화가 지목되고 있다. 지구온난화는 기후변화의 한 부분으로 냉각화(glaciation)에 반대되는 개념으로, 엄밀히 말하면 빙하기에서 벗어나면서 온도가 상승하는 것도 온난화의 범주에 들어간다. 원래는 원인에 관계 없이 '지구의 평균기온이 올라가는 현상'을 뜻하는 말이었지만 현재는 '산업혁명 이후 화석연료 사용 증가로 인한 기온의 증가'라는 좁은 의미로 사용되고 있다. 그만큼 최근의 기온상승이 심상치 않다는 뜻이다.

분명히 지구는 더워지고 있다. 그런데도 지역적으로 한파가 나타나는 이유는 무엇일까? 많은 과학자들은 그 이유를 '급격한 온난화에 대한 지구의 반작용'이라고 해석한다. 추워지면 기온을 높이는 방향으로, 더워지면 낮추는 방향으로 지구는 나름의 노력으로 안정을 유지하려 한다.

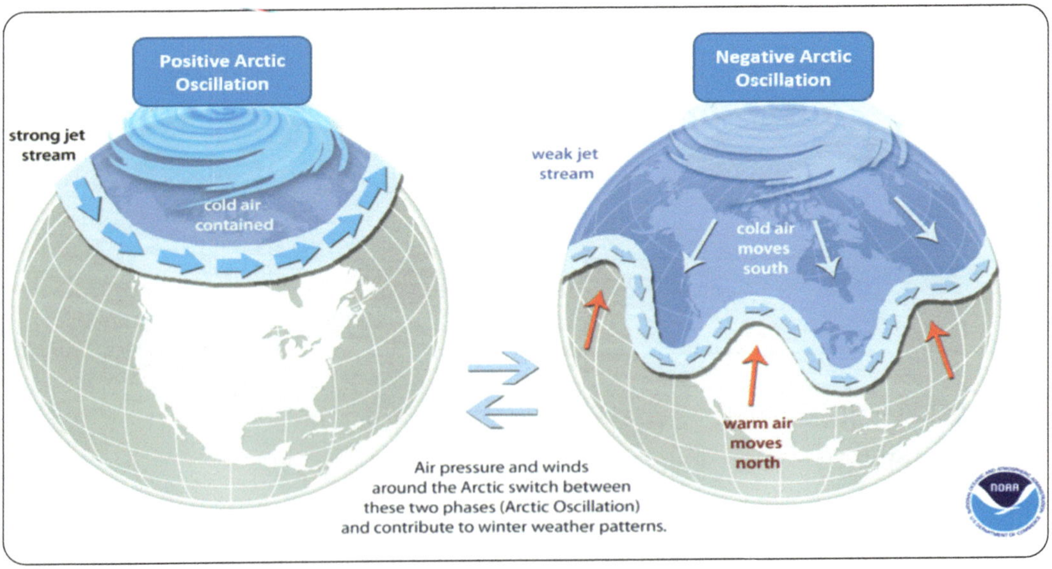

출처 : https://www.alamy.com/this-image-may-not-be-used-to-state-or-imply-noaa-endorsement-of-any-company-or-product-polar-vortex-and-jet-stream-illustrations-showing-the-the-cau-image335302281.html?irclickid=w8azFjX4kxyNWk8y4XTc41x9UkAX1MVR5TNU3c0&utm_source=77643&utm_campaign=Shop%20Royalty%20Free%20at%20Alamy&utm_medium=impact&irgwc=1

일반적으로 북극은 일조량이 적어 대기가 냉각돼 수축하는 반면 중위도의 대기는 상대적으로 따뜻해 팽창한다. 때문에 중위도의 대기가 극지방의 대기를 밀어내 북극을 중심으로 고리 모양의 편서풍 제트기류가 발달한다. 평상시에는 중위도 대기의 세력이 강해 제트기류가 극지방에 가깝게 형성돼 차가운 공기가 남하하지 못하도록 막아주는 '에어커튼' 역할을 한다.

3 한파의 피해 영향(Adverse Effects of Cold waves)

- 한파 피해는 건강, 농·수산·축산업, 교통, 에너지 등 광범위한 부문에 걸쳐 복합적으로 발생
  - 한파에 의한 피해는 온도가 하강함에 따른 한랭질환자의 증가, 수도관 및 계량기 동파 증가
  - 농작물의 냉해피해, 가축의 동사, 도로 결빙으로 인한 교통사고 증가, 난방에너지 수요 증가 등으로 나타남
  - 이는 직접적으로 영향을 미치는 1차적 피해에 그치지 않고 2차, 3차에 걸쳐 복합적으로 사회경제적인 영향을 미침

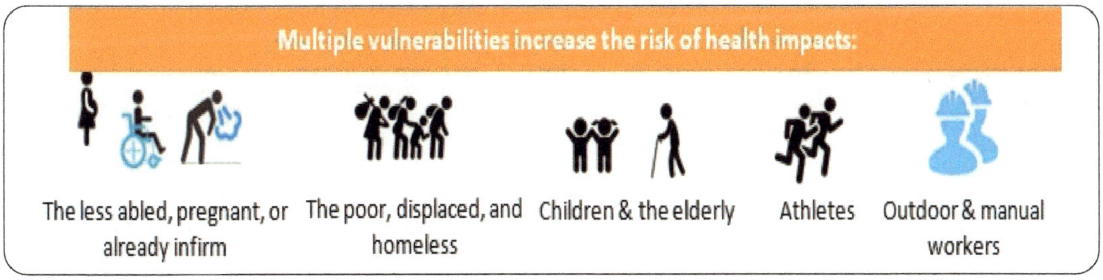

출처 : https://www.who.int/news-room/fact-sheets/detail/climate-change-heat-and-health

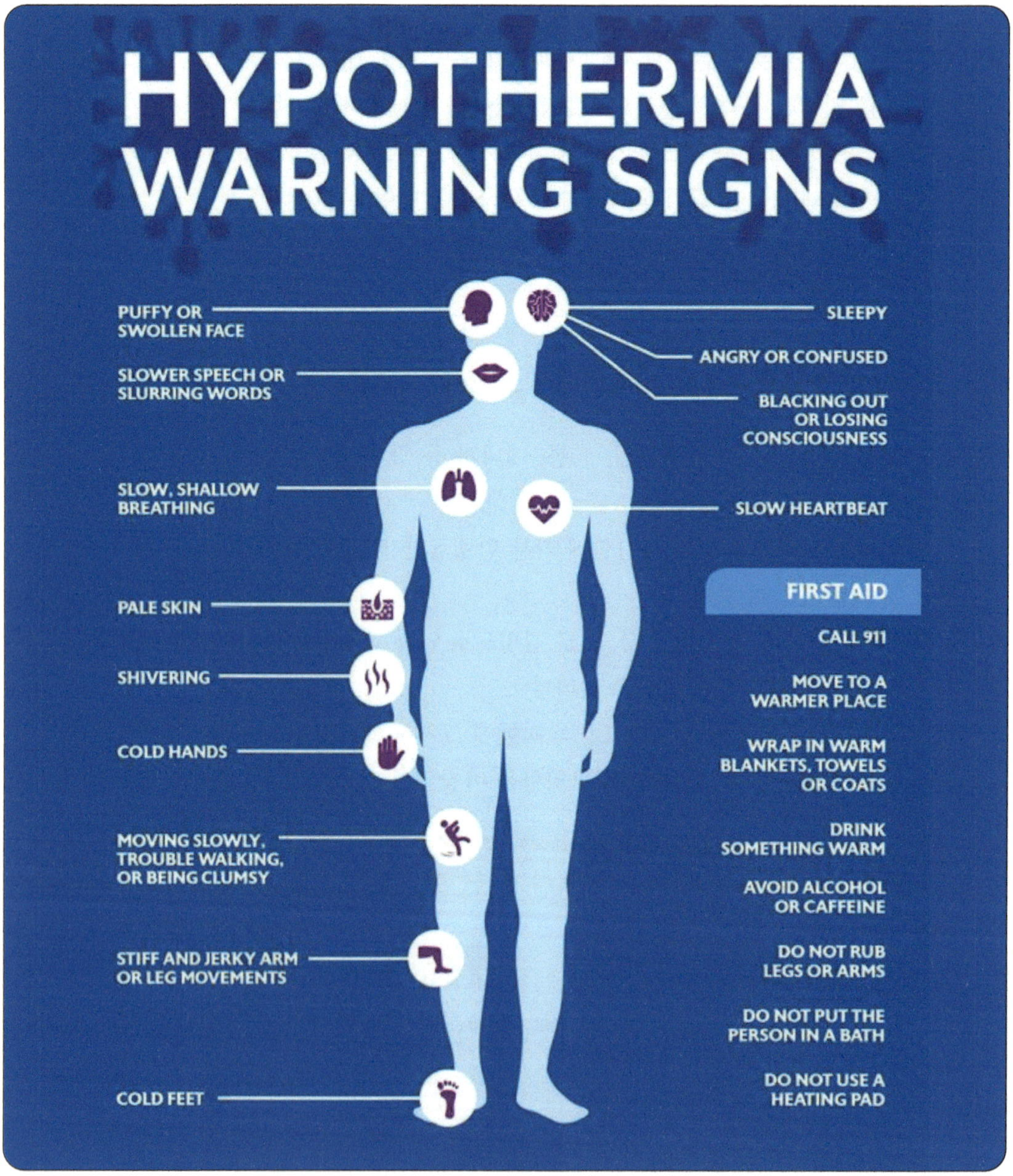

출처 : https://www.franciscanhealth.org/community/blog/hypothermia-signs-first-aid-and-prevention

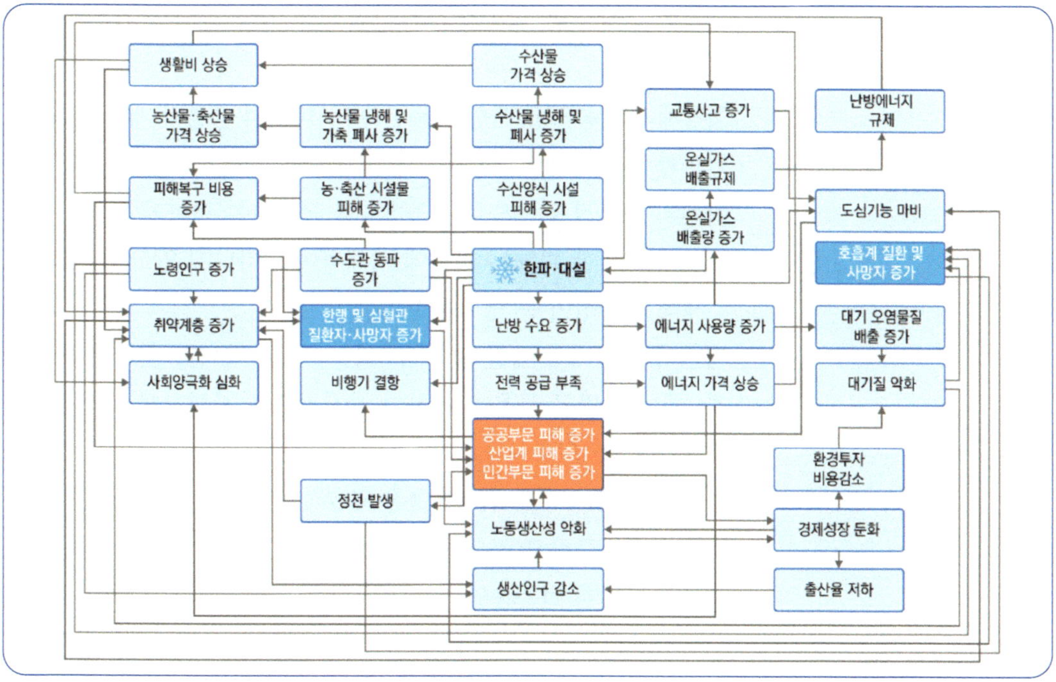

4 완화 조치(Mitigation measures)

▸ 취약계층을 고려한 한파 대응 필요

- 지역별 사회경제환경 여건 및 취약계층을 고려한 피해예방 필요
  - 한파의 취약계층으로는 65세 이상 고령자, 야외노동종사자, 저소득층, 농어민, 1인 가구 등이 있으나 주요 취약계층은 지역마다 다름
  - 한파로 인한 사망위험 증가는 도시지역보다 농촌지역이, 상대적으로 온난한 지역에서 높음
- 사회적 고립으로 인한 피해 최소화 필요
  - 1인 가구, 독거노인 등 사회적으로 고립된 취약계층은 극한 기상에 더욱 위험

- 사회적 네트워크를 강화해 고립으로 인한 피해를 최소화할 필요가 있음

▶ 사회경제적 적응역량 개선을 통한 한파 피해의 근본적 개선 필요

- 한파를 자연재난으로 보는 기온에 기반한 접근보다는 사회·경제적 차원의 통합적 접근으로 대응방안을 모색하는 것이 중요
  - 한파에 의한 피해는 기온에 비례하여 나타나지 않고, 사회적·경제적 취약성이 큰 영향을 미침
- 재난적 측면에서 예방 및 복구하는 것뿐만 아니라 취약한 거주환경, 에너지 빈곤 등을 고려하여 상시적으로 사회경제적 적응역량을 제고하는 것이 필요
  - 한파에 의한 주요 취약계층은 주로 단열이 잘 되지 않는 취약한 주택에 거주하고 있으며 경제적인 이유로 난방에 대한 접근성이 낮은 에너지 빈곤층임

CHAPTER 13

easy-to-understand BASIC DISATER SCIENCE

CLIMATE CHANGE (기후변화)

1 정의(Definition)

장기간에 걸친 기간(대체로 수 십년 또는 그 이상) 동안 지속되면서, 기후의 평균 상태나 그 변동 속에서 통계적으로 의미있는 변동을 일컫는 말이 기후변화이다. 기후변화협약(UNFCCC) 제 1조에서는 기후변화를 다음과 같이 정의하고 있다. 전지구 대기의 조성을 변화시키는 인간의 활동이 직접적 또는 간접적으로 원인이 되어 일어나고, 충분한 기간 동안 관측된 자연적인 기후변동성에 추가하여 일어나는 기후변화이다. 따라서 기후변화협약은 대기 조성을 변화시키는 인간 활동에 의해 야기되는 "기후변화"와 환경적 원인에 의해 야기되는 "기후변동성"을 구분하고 있다.

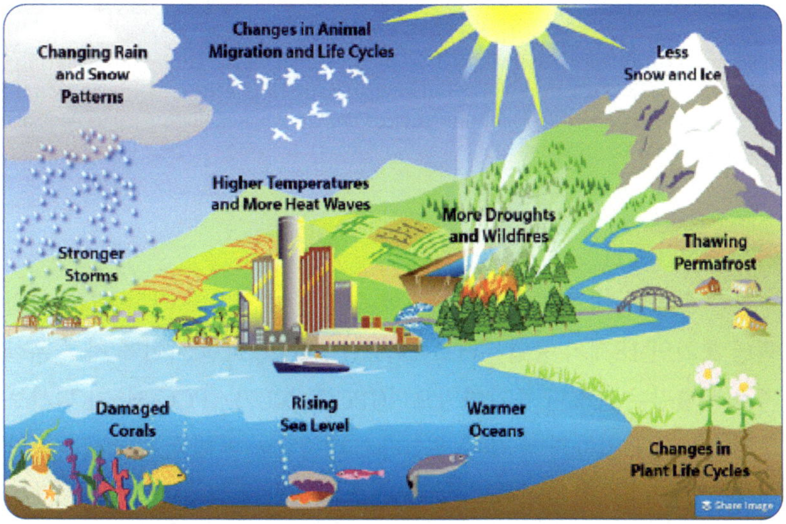

출처 : https://www.joboneforhumanity.org/

2 기후변화의 원인(Causes of Climate change)

1) 자연적인 원인

기후변화는 외적으로 야기된 변화뿐만 아니라 기후시스템 요소의 변화와 요소간의 상호 작용에 의해서 발생한다. 외적 요소에 의한 기후변화의 대표적인 예로는 화산분화에 의한 성층권의 에어로졸 증가, 태양 활동의 변화, 태양과 지구의 천문학적인 상대위치 변화 등이 있다. 외적 요인 없이도 기후시스템은 자연적으로 변할 수 있다. 이는 기후시스템의 5가지 주요 구성요소(온도, 습도, 강수, 풍속, 낮 길이) 및 대기권, 수권, 빙권, 지권, 생물권 각 요소들이 각기 상호 작용하여 끊임없이 변화하기 때문이다.

출처 : https://www.shutterstock.com/ko/image-illustration/threedimensional-illustration-sun-wearing-glasses-decoration-2279484251?irclickid=X33zGFX75xyNTXjR3dwwdSjrUkAX1N355TNU3c0&irgwc=1&utm_campaign=TinEye&utm_content=108110&utm_medium=Affiliate&utm_source=77643&utm_term=http://joupia.net/bbs/skin/ggambo7002_boardgallery/print.php?id=glo_08_03&no=3

2) 인위적인 원인

인간 활동이 대규모적으로 기후에 영향을 미치기 시작한 것은 산업혁명 초기인 18세기 중엽부터로 1970년부터 2004년 사이에 지구 온실가스 배출량은 70%나 증가하였으며(IPCC, 2007), IPCC 제5차 평가보고서(2015)에 의하면 전 세계 온실가스 배출량이 매해 급격하게 상승하여 1970년부터 2011년까지 40여 년간 배출한 누적 온실가스가 1970년 이전 220년 동안의 누적배출량과 비슷하다고 한다. 인간 활동, 특히 공장이나 가정에서의 화석연료 연소와 생물체의 연소 등은 대기 구성 성분에 영향을 주는 온실가스와 에어로졸을 생산하여 온실가스를 증가시키고 대기 중 에어로졸에 의해 태양 복사에너지 반사와 구름의 광학적 성질변화(산란효과에 의한 지구 냉각화)를 일으키고 있다.

출처 : https://gml.noaa.gov/education/lesson_plans/index.html

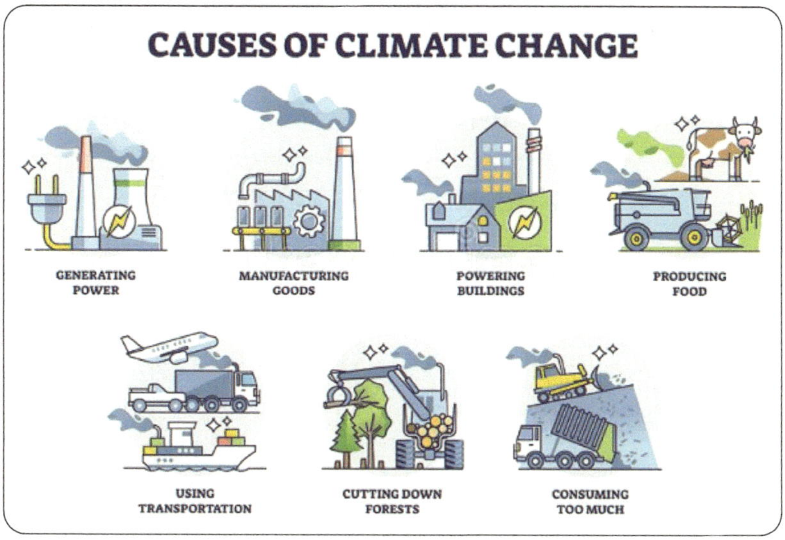

출처 : https://stock.adobe.com/kr/images/causes-of-climate-change-and-global-warming-reasons-outline-collection-set-labeled-educational-list-with-ecological-problems-greenhouse-gases-pollution-and-environmental-damage-vector-illustration/505428681

③ 기후변화의 피해영향 (Adverse Effects of Climate change)

- 기후변화는 지속적인 가뭄을 일으키거나 열파, 한파의 원인이 되어서 사람들의 삶에 영향을 미친다. 변화 폭이 작더라도 그것이 장기간 축적되면 커다란 영향을 미칠 수 있기 때문에 기후 변화는 현재 인류가 직면하고 있는 가장 심각한 문제 중의 하나이다. 기후변화는 이미 사회와 대기, 해양, 빙권. 생태계 등 자연계에 영향을 미치고 있다. 이러한 영향은 점차 감소되거나 심화되는 방식으로 다른 환경적 그리고 사회적 요인들과 상호작용을 한다. 영향의 유형과 크기는 전국적으로 그리고 어떤 기간에 걸쳐 변한다.
- IPCC 제6차 평가보고서에서는 향후 나타날 기후변화 현상으로 기온상승, 열파빈도 증가, 집중호우빈도 증가, 가뭄피해지역 증가, 강력한 열대성 저기압 활동 증가, 해수면 상승 증가 등을 전망하였다. 예상되는 기후변화 현상이 도시 구성요소에 미치는 영향을 분석한 결과 해안변, 하천변, 지하공간, 산기슭 등 도시 내 취약공간의 주민생활공간, 도시계획시설(기반시설), 건축시설이 기후변화에 따른 재해에 취약할 것으로 전망하고 있다.

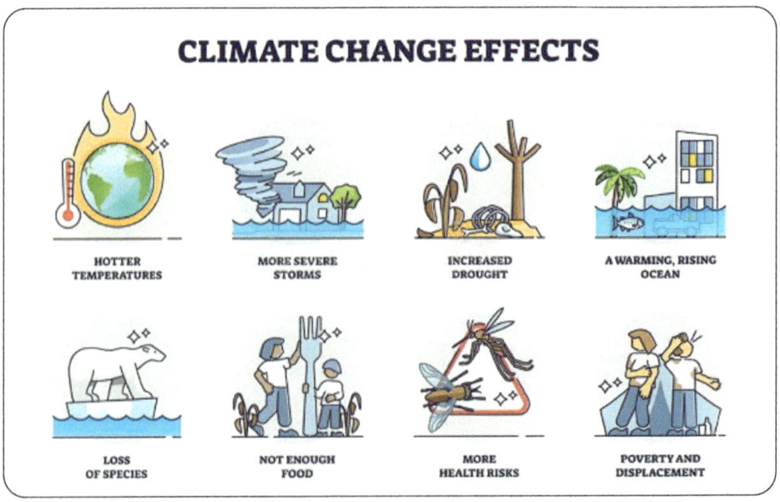

기후변화에 따른 집중호우, 태풍 등에 의한 홍수, 산사태 등으로 인해 해안변, 하천변, 산기슭 등에 거주하는 주민들이 큰 영향을 받고, 특히 고령자, 유아, 저소득층은 홍수뿐 아니라 가뭄, 폭염 등 기후변화에 따른 재해 전반에 취약하며 기반시설은 집중호우, 태풍, 폭염 등에 의해 도로, 철도 등의 교통시설과 물 공급시설이 영향을 크게 받으며, 특히 해안변, 하천변, 지하공간의 교통시설이 취약하다.

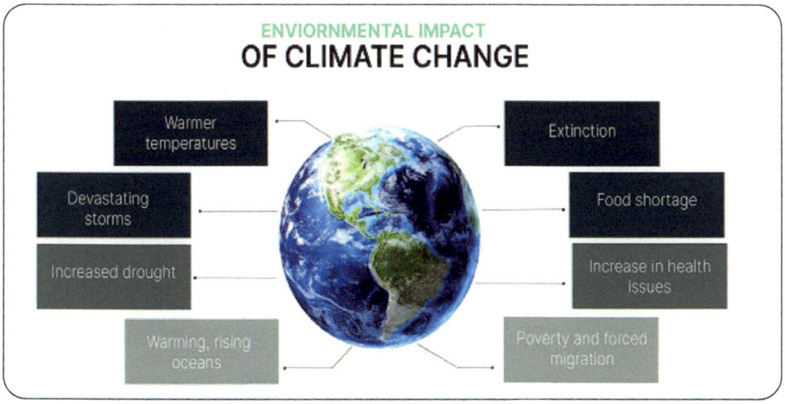

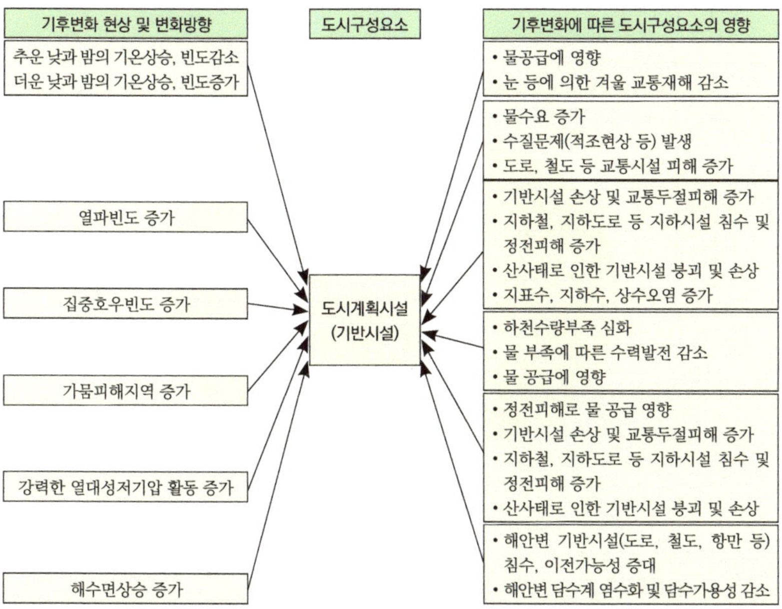

4 대응 조치(Climate Change Adaptation)

- 기후변화대응은 환경과 인간 사회 사이의 상호작용 또는 물리적 환경 자체를 조절함으로써 변화하는 기후의 영향을 감소시키기 위한 활동을 말하는데 기후변화적응이라는 말도 같은 의미로 사용된다. 전지구적으로 기후변화에 의한 피해가 워낙 크기 때문에 이에 대한 적절한 대응책이 필요하다.
- 기후변화적응은 지구 온난화와 그에 따른 기후변화의 영향을 상쇄하기 위한 대응책이다. 기온 상승이 계속되고 있는 한 그 상승의 추세가 약화되더라도 지구 온난화의 영향은 오랜 기간 지속될 것으로 예상되므로 기후변화에 대한 적응이 필요하다. 특히 개발 도상국의 경우, 지구 온난화의 영향이 상대적으로 더 클 것으로 예상되기 때문에 시기적절한 기후변화대응이 더욱 중요하다. 이러한 국가 간 편차는 인간이 적응할 수 있는 능력과 대응할 수 있는 잠재력이 국가적으로 불균등하기 때문에 발생하는데, 개발 도상국은 일반적으로 적응 능력이 적다.

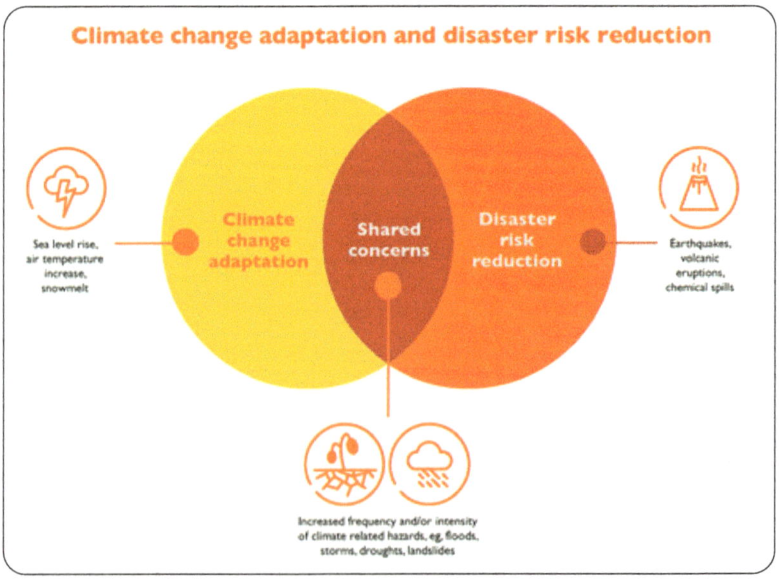

출처 : Turnbull, M. Sterrett, C.; Hilleboe, A.(2013) Toward Resilience : A Guide to Disaster Risk Reduction and Climate Change Adaptation. Practical Action Publishing : Warwickshire.

기후변화 적응에 대한 경제적 비용은 앞으로 수십 년 동안 매년 수십 억 달러가 필요할 것으로 예상된다. 선진국들은 이러한 기후변화대응을 위하여 녹색 기후 기금을 통해 2020년까지 연간 1,000억 달러를 모금할 것을 목표로 했으나 실제적인 행동은 아직 이루어지지 않고 있다.

기후변화 완화로 알려진 기후변화에 대한 또 다른 대응책은 온실 가스(GHG) 배출량을 줄이거나 대기에서 온실가스를 제거하는 정책을 말한다. 그러나 배출량을 효과적으로 감소시키더라도 기후변화 영향을 막을 수는 없기 때문에 적응이 매우 중요하다.

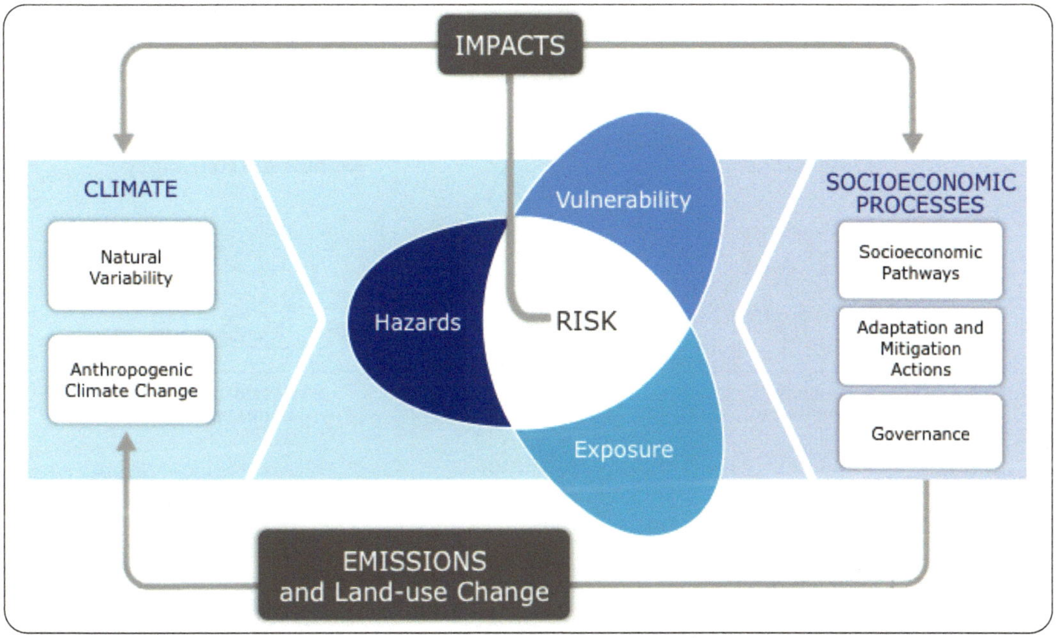

출처 : https://www.slideshare.net/FundacionAreces/ibon-galarraga-la-transicin-energtica-en-europa-y-el-cambio-climtico

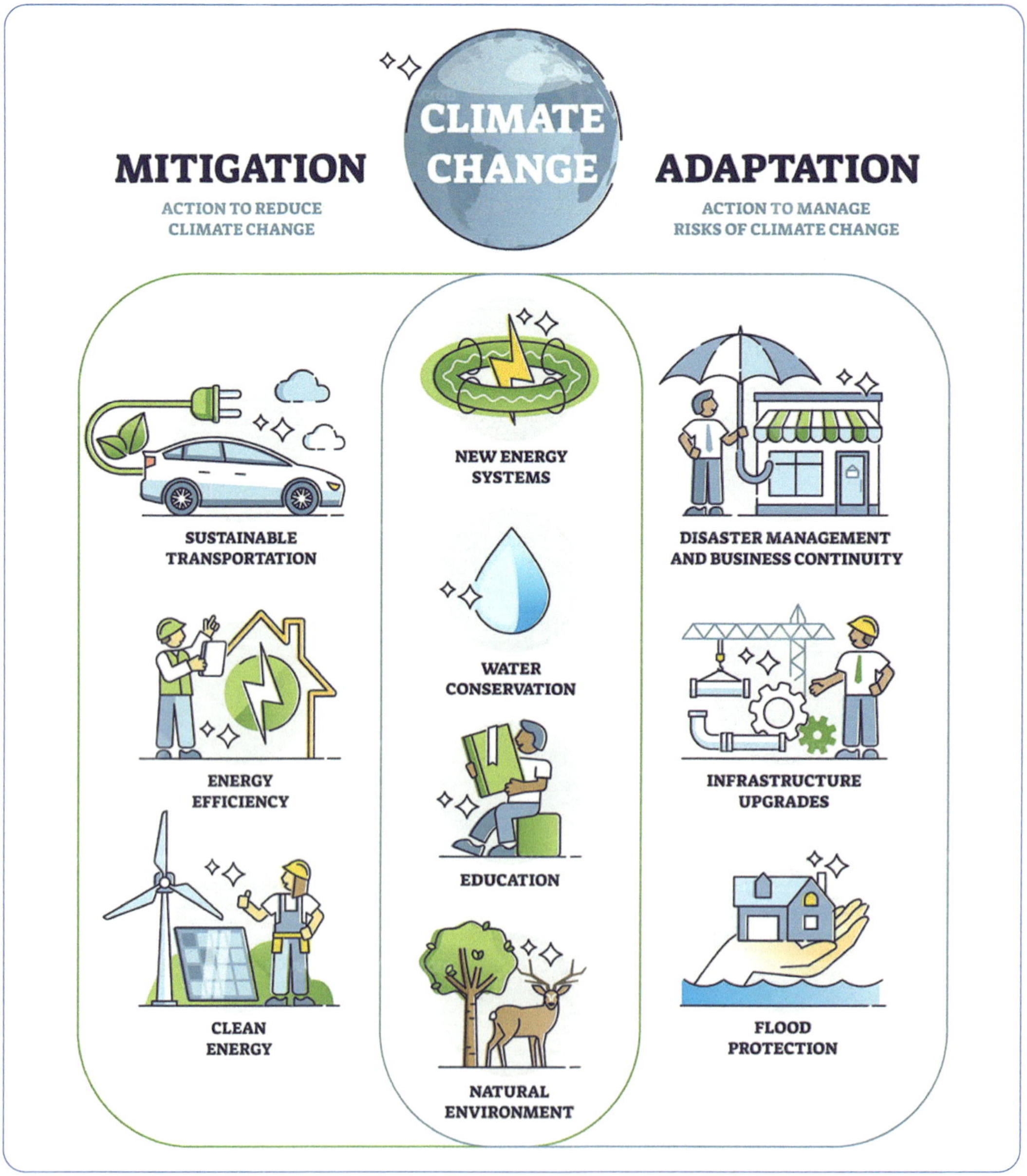

출처 : https://stock.adobe.com/images/Climate-change-mitigation-and-adaptation-actions-for-future-outline-diagram.-Lab/463576536?as_campaign=TinEye&as_content=tineye_match&clickref=1011lwMZGWwj&mv=affiliate&mv2=pz&as_camptype=domain&as_channel=affiliate&as_source=partnerize&as_campaign=tineye

CHAPTER 14

easy-to-understand BASIC DISATER SCIENCE

COMPLEX DISASTER (복합재난)

1 정의(Definition)

최근 우리 사회는 기후변화, 도시화, 산업화, 인구밀도 증가와 같은 사회적 변화와 환경적 변화로 인해 다양한 위험요인들이 상호 연계되어 나타나는 재난의 발생이 빈번해지고 있다. 특히 단일재난으로 인해 다양한 형태의 재난들이 연속적 또는 동시다발적으로 발생하는 복합재난의 발생이 증가하고 있다. 복합재난은 일반적으로 1차의 단일재난으로 인해 2차·3차의 재난이 동시다발적·연쇄적으로 발생해 인적·물적 피해를 발생시키는 재난을 의미한다.

복합재난은?

복합재난은 일반적으로 1차의 단일 재난으로 인해
2차, 3차의 재난이 동시다발적 · 연쇄적으로 발생하여,
인적 · 물적 피해를 발생시키는 재난을 의미한다.

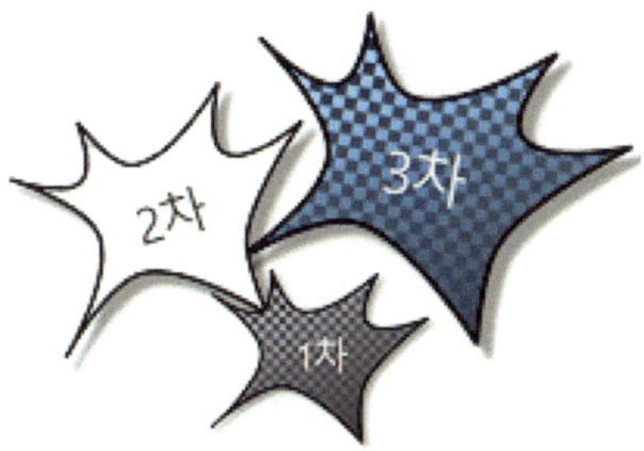

출처 : https://www.projecthope.org/4-facts-what-is-a-complex-crisis/07/2022/

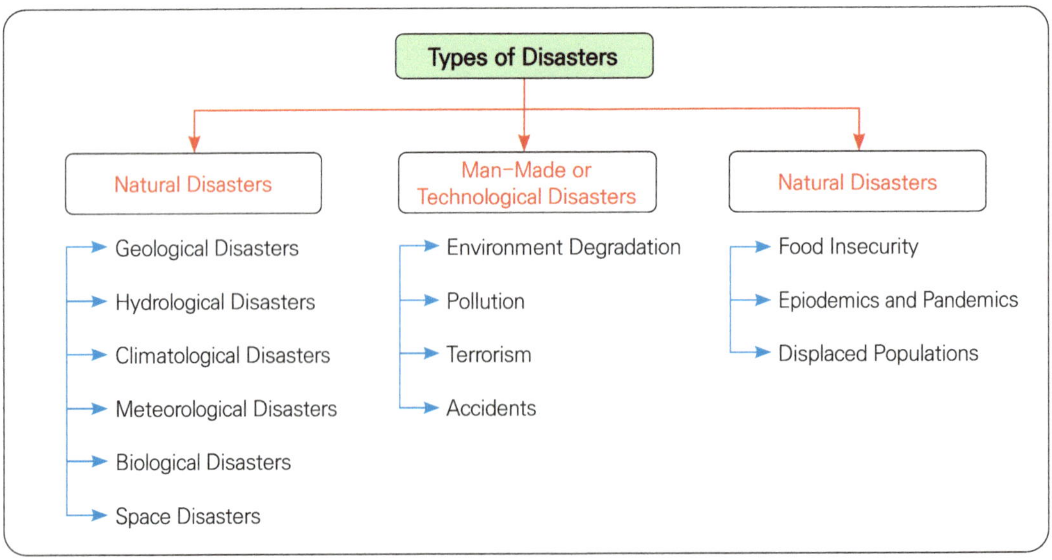

2 복합재난의 원인(Causes of complex disaster)

▸ 지진, 해일, 태풍, 홍수 등을 단일 재난으로 판단하여 단기적으로 종결되는 것으로 분석해왔던 것과는 반대로 복합재난은 동시다발적·연쇄적인 발생에 따른 피해 규모의 '대형화'와 불확실성에 의해 피해 복구 및 대응의 '장기화' 경향을 보인다. 사회적·기술적 재난은 일반적으로 재난의 발생을 유발한 재난관리 담당자 등에게 책임이 있으나, 자연재난으로 유발된 사회적·기술적 재난은 피해 발생에 대한 책임 소재가 불분명하다는 것이 특징이 있다. 다시 말해 복합재난이란 자연재난과 사회재난이 동시다발적으로 발생하는 재난이다. 이는 급격한 기후변화와 도시 인프라의 초대형화로 인해 발생 빈도가 높아지고 있는 신종 재난 유형이다. 즉, 복합재난은 피해가 극심하여 범주처의 통합적 대응이 필요한 재난이다.

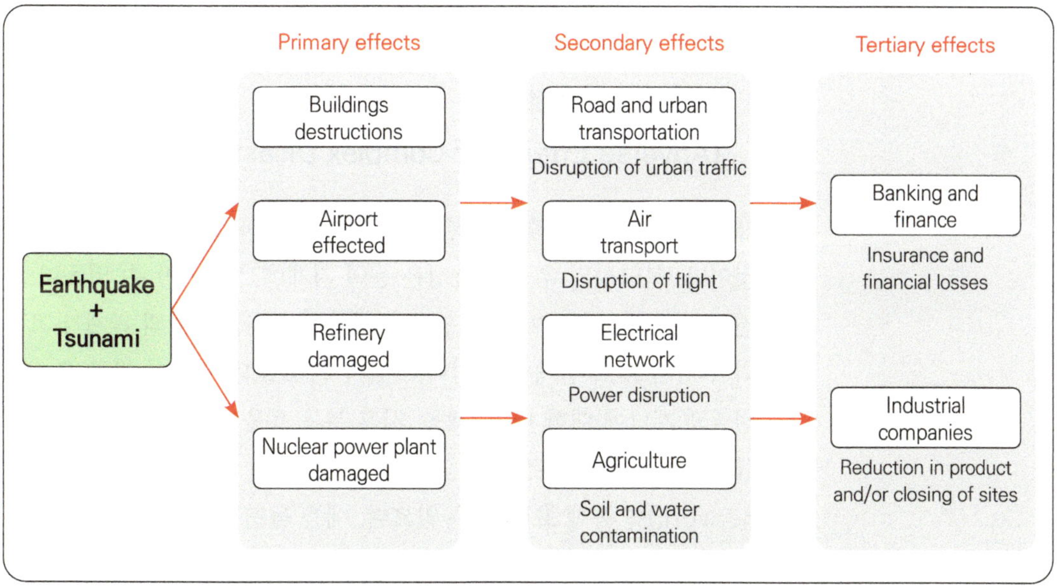

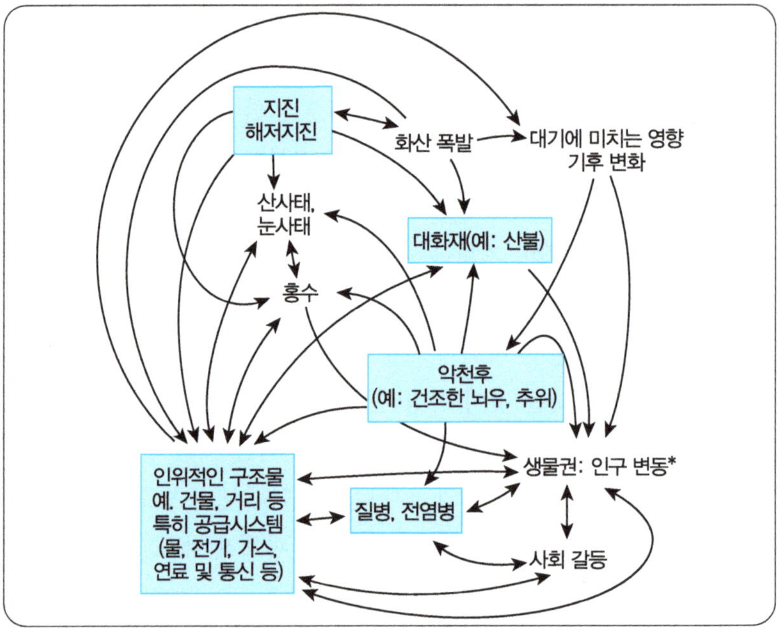

3 복합재난의 피해영향 (Adverse Effects of Complex Disaster)

- 재난의 복합성은 복합체계론의 관점을 원용한다면 그 이해가 쉬워질 것이다. 복합성의 우선적 특성은 용어 자체에서 감지할 수 있듯이 사건들 사이의 연계성이다. 재난을 구성하는 요소들 사이의 관계가 고립되어 있지 않고 연계성을 지니고 있어 한 요소의 요동이 다른 요소로 전달돼 재난에 대한 대비, 대응, 사후 복구 등을 매우 어렵게 한다. 복합재난의 특성인 복잡성과 연계성은 인과관계 네트워크(Causality-network)를 통해 표현될 수 있으며, 예를 들면 다음과 같다.
- 복합재난의 유형은 크게 3가지로 연속형, 다중형, 다발형 등이 있다. 이는 재난의 발생 시 차에 따른 분류방법으로써 여러 가지의 재난이 동시에 발생하는 경우 또는 순차적으로 발생 하는 경우 등으로 분류하는 것이다.

- 연속형 복합재난(순차구조 복합재난)은 하나의 재난에 대해 부 재난이 시계열적·연차적으로 유발되는 형이다.

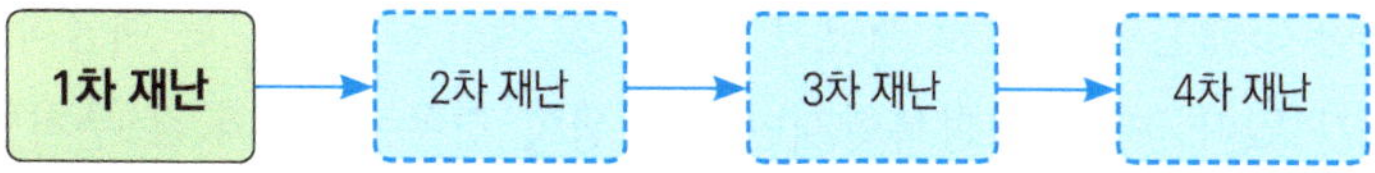

- 다중형 복합재난(순차-병렬혼합 복합재난)은 다발형 복합재난과 연속형 복합재난의 혼합된 형태다. 1차적으로 재난이 발생하고, 이 1차 재난으로 인해 2차적 재난이 순차 또는 병렬구조로 재난이 발생하고, 이들이 다시 연계돼 다른 형태의 재난이 발생하는 형태이다.

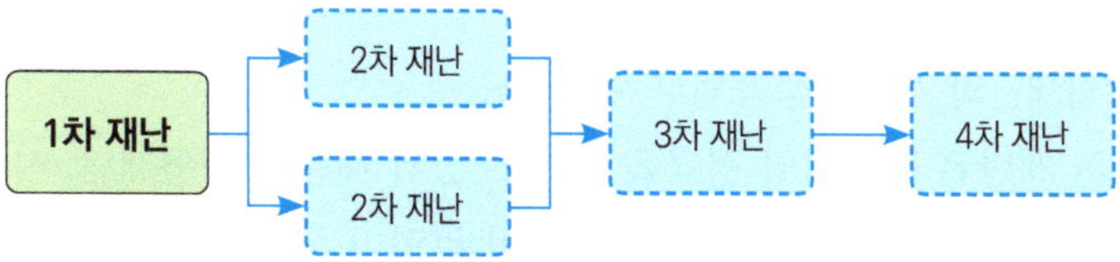

- 다발형 복합재난(병렬구조 복합재난)은 하나의 재난에 의해서 여러 유형의 재난이 동시다발적으로 발생하는 복합재난의 형태이다.

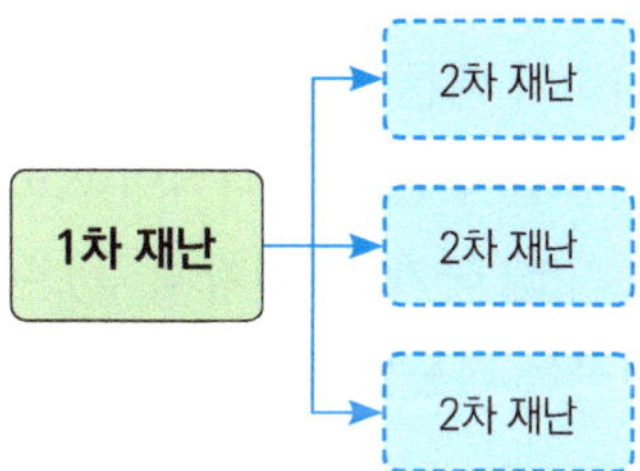

4 대응 조치(Complex Disaster reductuion measures)

- 전통적 재난관리체계는 주로 재난의 원인이 되는 각각의 위해성(Hazard)으로 구분되고 있는 단일재난관리체계이다. 그러나 단일재난관리체계는 중앙정부, 지방정부, 주요 부처, 기업, NGO 등 모든 재난대응기관들의 유기적인 협력체계와 모든 대응역량의 신속한 집중을 요구하는 복합재난에 대응하기 어려운 것이 현실이다.

1) 복합재난 대응 매뉴얼 개발 필요

복합재난은 기존의 재난유형과 달리 비정형화되고 변화와 예측이 불가능하기 때문에 기존의 재난관리체계 및 매뉴얼 형태로는 대응하기에 한계가 있다. 이에 대형복합재난이 발생할 경우, 기존의 각 부처별(재난관리주관기관별) 대응을 넘어서는 공동 대응이 필요한 상황이 발생하기 때문에 복합재난 대응매뉴얼은 위기관리표준매뉴얼에서 제시하는 다양한 재난유형(31개 재난유형)을 근간으로 포괄적 개념을 적용하여 이를 기능별로 컨트롤(컨트롤 타워 역할)하고 융합, 협업할 수 있는 형태로 개발될 필요가 있다.

2) 복합재난의 기능 중심의 업무 분장 필요

모든 재난은 복합적인 성격을 가지고 있기 때문에 자연재난, 사회재난과 구분되는 특수재난 및 복합재난이 뚜렷이 구분되는 것은 거의 불가능한 일이다. 이에 재난 원인으로 재난업무를 구분하기 보다는 모든 재난에 대응할 수 있는 기능 및 협업 위주로 업무분장을 하는 것이 합리적이라 사료된다. 즉, 재난의 원인은 다양하지만, 그로 인한 결과와 필요로 하는 기능이 유사하기 때문에 다양한 재난에 대하여 모든 재난(All disaster)을 고려한 기능별 접근이 합리적이라고 사료된다. 따라서 복합재난을 대응하는 조직(예 국가 및 지자체 등)은 재난의 유형 및 원인보다는 목적성을 중시하는 기능별로의 조직편성을 고려해 볼 수 있다.

3) 복합재난의 우선순위 및 위험지도 구축

복합재난은 일정한 유형이 없고 예측이 매우 어려우므로 위험성이 높은 지역 및 시설에 대한 위험평가와 이에 따른 위험지도 구축이 필요하다. 특히, 핵발전소, 화학단지, 대규모 군시설, 국가기반체계 등 재난이 일어나면 복합재난으로 확산하기 쉬운 시설물 및 지역을 대상으로 리스크 평가 및 위험지도 구축을 고려하여 대형복합재난을 대응하고 재난이 대형화되지 않도록 현장에서 초동 대응할 수 있는 준비과정이 필요하다.

- **Disaster**
  - Natural disasters
    - Natural phenomena beneath the earth's surface
      - Earthquakes
      - Tsunamis
      - Volcanic eruption
    - Natural phenomena at the earth's surface
      - Landslides
      - Avalanches
    - Metrological/hydrological Phenomena
      - Windstorms(cyclones, typhoons, hurricanes
      - Tornades
      - Hailstorms and snowstorms
      - Sea surge
      - Floods
      - Draughts
    - Natural phenomena at the earth's surface
      - Infestations
        - Locust swarms
        - Mealy bugs
      - Epidemics
        - Cholera
        - Dengue
        - Ebola
        - Malaria
        - Measles
        - Meningitis
        - Yellow fever
        - AIDS
        - SARS
        - Avian Flu

(continued)

- Man-made disaster
  - Socio-technical disaster
    - Technological disasters
      - Fire
      - Leakage
      - Toxic release
      - Structure collapse
      - Physical assets
      - Explosions
        - Ammunitions
        - Chemical
        - Nuclear
        - Mine
      - Pollutions
        - Acid rain
        - Chemicl pollution
        - Atmospheric Pollution
    - Transportation disasters
      - Air disaster
      - Sea disaster
      - Land disaster
    - Stadia, or other public places failures
      - Fire
      - Structure collapse
      - Crowed crushing
    - Production failure
      - Computer system breakdown
      - Districution of defective products

(continued)

- Warface
  - International conflict
    - Conventional war
      - War between countries
      - Siege
      - Blockade
    - Non-conventional war
      - Nuclear
      - Chemical
      - Biological
  - National conflict
    - Civil war
    - Civilstrikes
    - Civildisorder
    - Bomb treats
    - Terrorist attack
- Hybrid disasters
  - Floods ravage community built in flood plain
  - Clearing of extensive jungles causing land slides
  - Locationg of residentioal, factories etc. in avalanches area

CHAPTER 15

easy-to-understand BASIC DISATER SCIENCE

FUTURE DISASTER (미래재난)

1 정의(Definition)

- 과거에 없었지만 앞으로 나타날 재난?
  - 산업구조 변화에 따른 신종재난?
  - 환경변화에 따른 신종재난?
- 기존에 있었지만, 그 강도나 빈도가 높아지는 재난?
  - 기후변화로 인해 거대 또는 극심해지는 극한재난?
  - 지진, 화산폭발 등 1,000년 주기설과 같은 지반재난?
- 거대재난(Catastrophe Disaster) or 복합재난?
  - Local → Global 형태로 확산되는 재난?
  - 사회의 복잡성, 밀집성에 의해 발생되는 복합재난?

2 영향(Adverse Effects of complex disaster)

전문가가 보는 9개의 미래 재난 위험

- **(과학기술)자율주행차** : 자율주행차의 통제 불능으로 피해 발생
- **(과학기술)드론** : 테러에 악용, 사생활 침해, 해킹 문제로 피해 발생
- **(기후환경)폭염** : 열파로 인한 환경, 보건, 생산저하, 농축산물 등 피해 발생
- **(기후환경)한파** : 추위 적응력 감소, 한파, 강풍, 폭설로 피해 발생

- **(기후환경)태풍** : 태풍 강도와 빈도 증가, 집중호우 등으로 복합재난 피해 발생
- **(재난안전)홍수** : 홍수 발생으로 산업도시지역에 복합재난 피해 발생
- **(재난안전)지진** : 도시 대형화 · 복합화로 위험성 가중, 2차 피해로 인한 피해 가중
- **(재난안전)우주위험물** : 우주잔해물, 인공위성 등으로 인한 위험요소 증가
- **(보건의료)신종감염병** : 기존 지식과 경험 부족으로 인하여 위기상황 악화

미래재난 원인 별 분류

▶ **기후변화** : 슈퍼태풍, 감염병, 해수면상승, 폭풍해일, 폭염, 한파, 가뭄, 대형산불, 병충해, 식량문제

▶ **인구증가/Global화** : 식량문제, 전염병, 물부족, 자원고갈, 환경오염

▶ **기술사회의 초고도화**

- 유전자 조작/실수에 의한 종의 붕괴
- 초연결사회로 인한 재난(사이버), 인공지능 폐해

▶ **기타**

- 태양폭풍(CME), 유성 및 소행성 충돌
- 지진, 화산폭발(쓰나미)

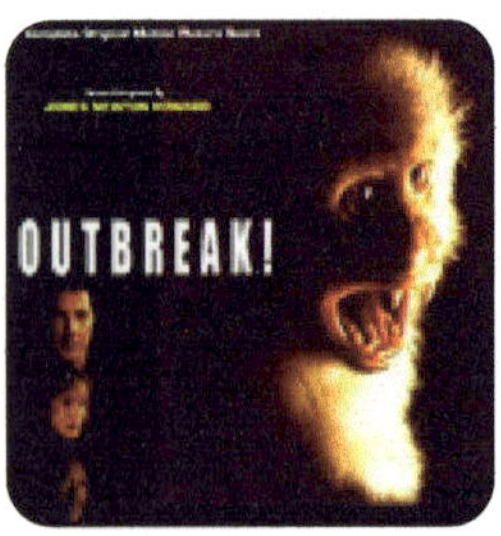

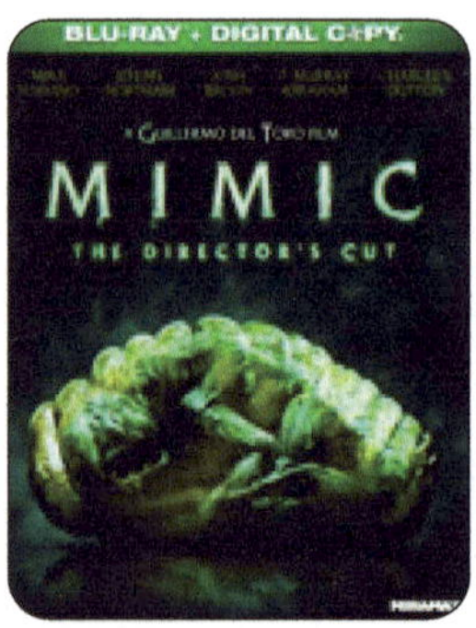

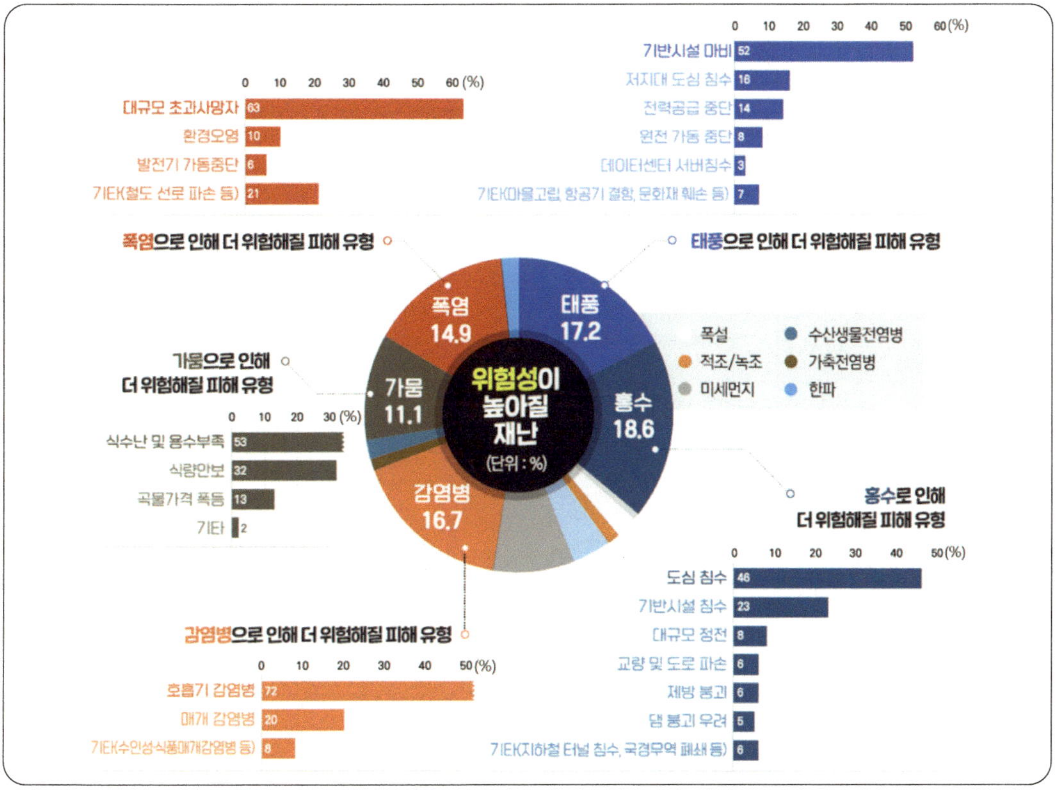

출처 : https://m.newspim.com/news/view/20210727000854

③ 대응 조치(Future Disaster Adaptation)

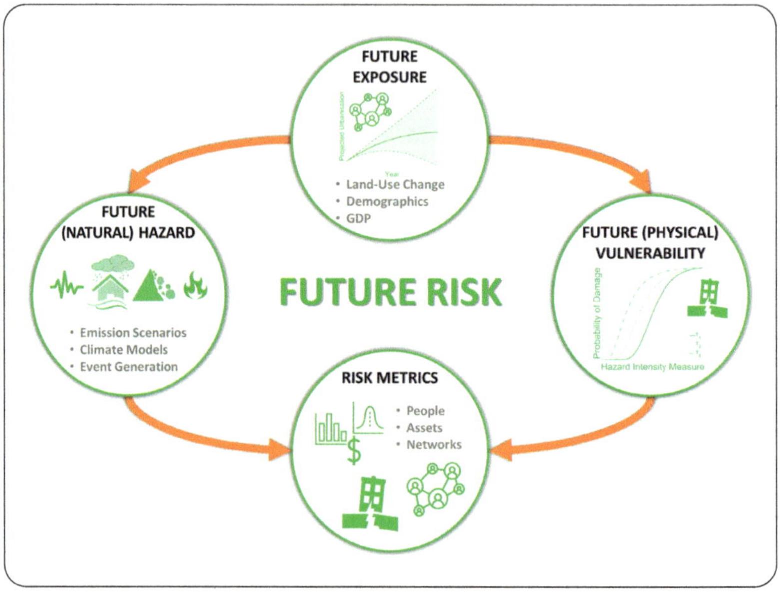

출처 : Gemma Cremen, Carmine Galasso, John McCloskey(2022) Modelling and quantifying tomorrow's risks from natural hazards Science of the Total Environment

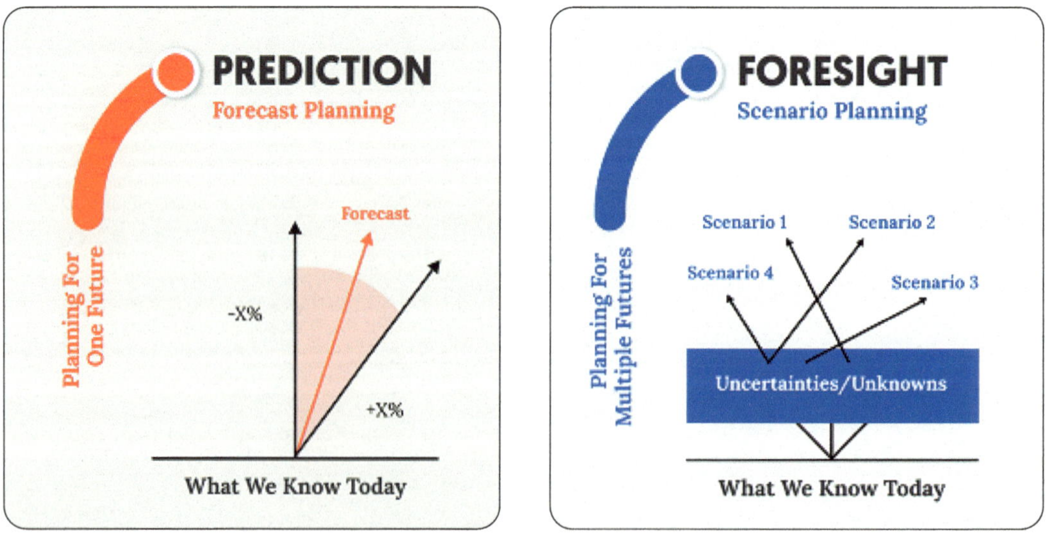

출처 : https://www.newmetrics.net/insights/see-your-new-normal-with-scenario-planning/

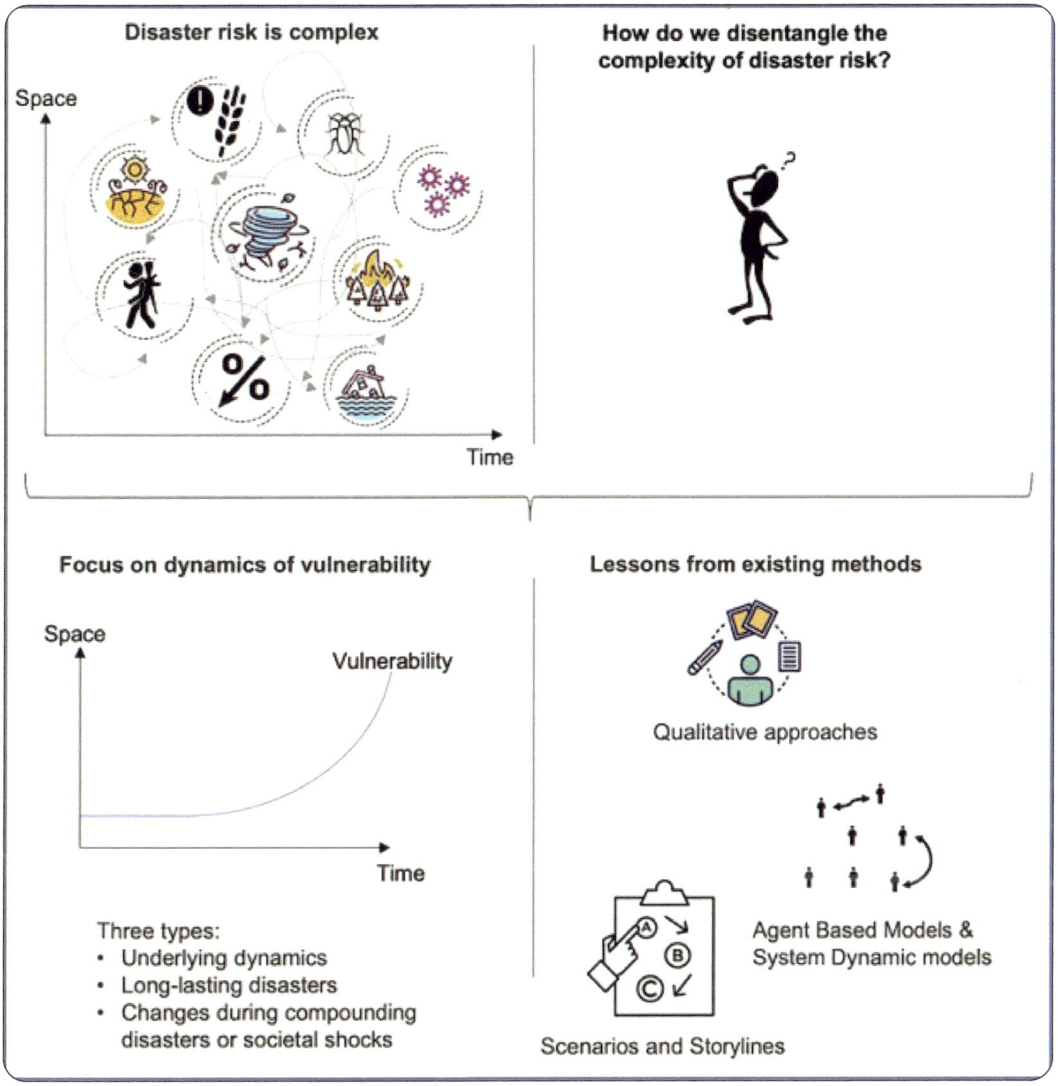

출처 : https://multisectordynamics.org/2022/09/12/the-challenges-of-dynamic-vulnerability-and-how-to-assess-it/

CHAPTER 16

easy-to-understand BASIC DISATER SCIENCE

BIGDATA & ARTIFICIAL INTELLIGENCEAI for DISASTER (빅데이터 / 인공지능과 재난)

1 정의(Definition)

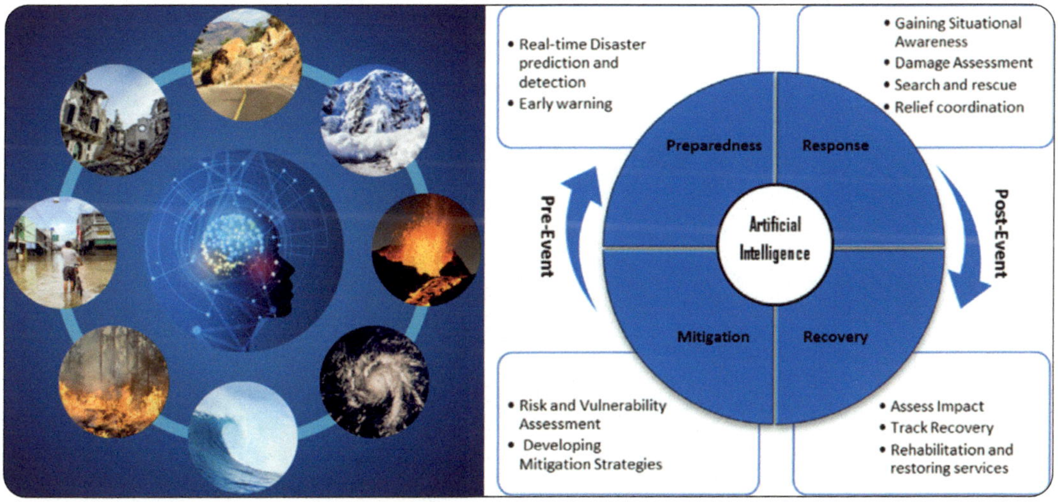

출처 : https://blogs.egu.eu/divisions/nh/category/disaster-risk-reduction/page/5/

최근 들어 빅데이터의 영향력이 증가하면서 데이터 중심의 사회로 급변하고 있고 더욱이 빅데이터는 가공과 분석에 따라 상황인식, 의사결정, 그리고 미래 예측을 가능하게 하는 영역까지 확대되고 있다. 재난관리에서도 민간 및 공공 영역에서 만들어지는 엄청난 양의 정형 및 비정형 데이터들을 의미 있는 정보로 가공해 내는 것이 무엇보다 중요하다. 재난관리는 지역 사회 또는 여러 장소에서 재난에 대비하고 그 영향 및 피해를 줄이기 위해 취하는 조치를 말한다. 가능하다면 재해가 발생할 곳을 예측하고 그런 일이 발생하지 않도록 막는 편이 좋다. 재난관리의 전반적인 효율성을 높이기 위해서는 효과적이고 현실적인 계획이 필요하다. 현재 재난관리를 향상하는 새로운 도구로는 기상기후빅데이터와 인공지능 기술이 있다.

2 재난관리 패러다임 변화(Paradigm Change of Disaster Management)

재난은 시대와 상황에 따라 변화되는 사회적 의미를 가지는 불확실성(Uncertainty)이라 할 수 있다. 재난의 개념이 시대와 사회적 환경의 변천에 따라 자연적인 위험요인에 의해 발생되는 자연재해와 인적인 위험요인에 의해 주로 발생하는 인적 재난으로 세분화되고, 그 범주가 확장되는 추세이다. 요즈음 들어 재난관리의 개념은 재해 발생에 따른 대응과 복구도 중요하지만, 재난 취약점들을 사전에 찾아내어 예방 및 사전대비 활동을 수행하는 것이 보다 더 중요해지고 있다. 급격한 기후변화와 인구의 도시 집중화에 따라 재난 양상이 대형화, 복잡화, 상호 의존성 증가로 이어져 재난 데이터의 중요성이 더욱 증대되고 있고 효과적으로 빅데이터와 인공지능을 활용이 매우 필수요건이 되었다.

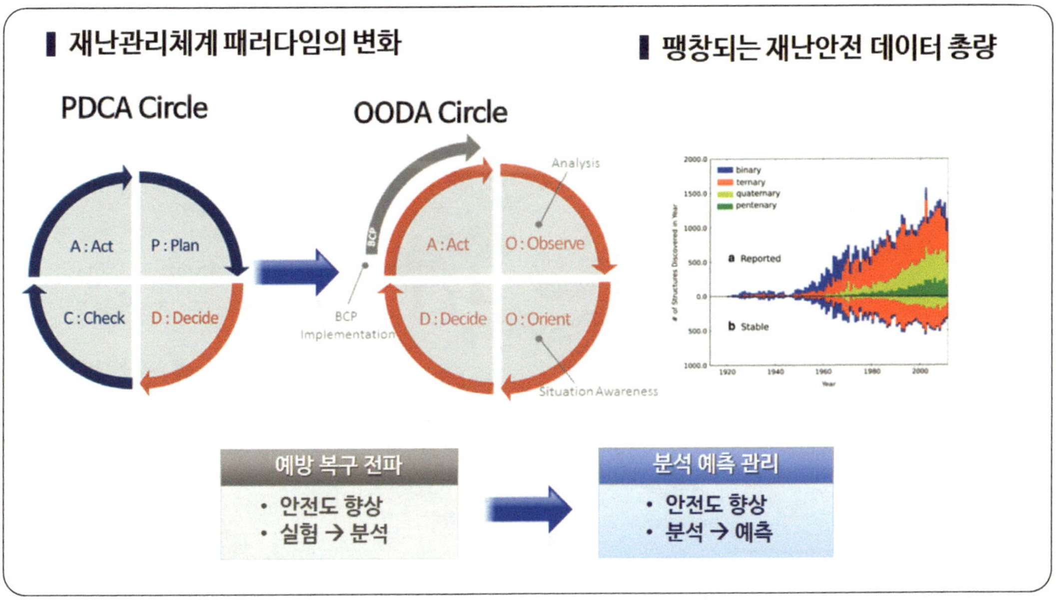

3 빅데이터의 정의 및 종류(Types of Bigdata)

빅데이터는 기존의 관리 또는 분석 도구로는 처리하기 어려울 정도로 엄청난 양의 자료(Data)를 지칭한다. 이러한 다량의 빅데이터 원천은 고객과 기업 간의 비즈니스 거래 데이터(Business Transaction Data), 트위터(Twitter), 페이스 북(Facebook), 카카오톡(Kakao Talk), 유튜브(Youtube) 등의 소셜 네트워크 서비스(Social Network Service, 이하 'SNS'라 칭함.) 같은 사회적 데이터, 신체·건강 등의 생체인식 관련 데이터, 폐쇄회로 텔레비전(Closed-Circuit Television, 이하 'CCTV'

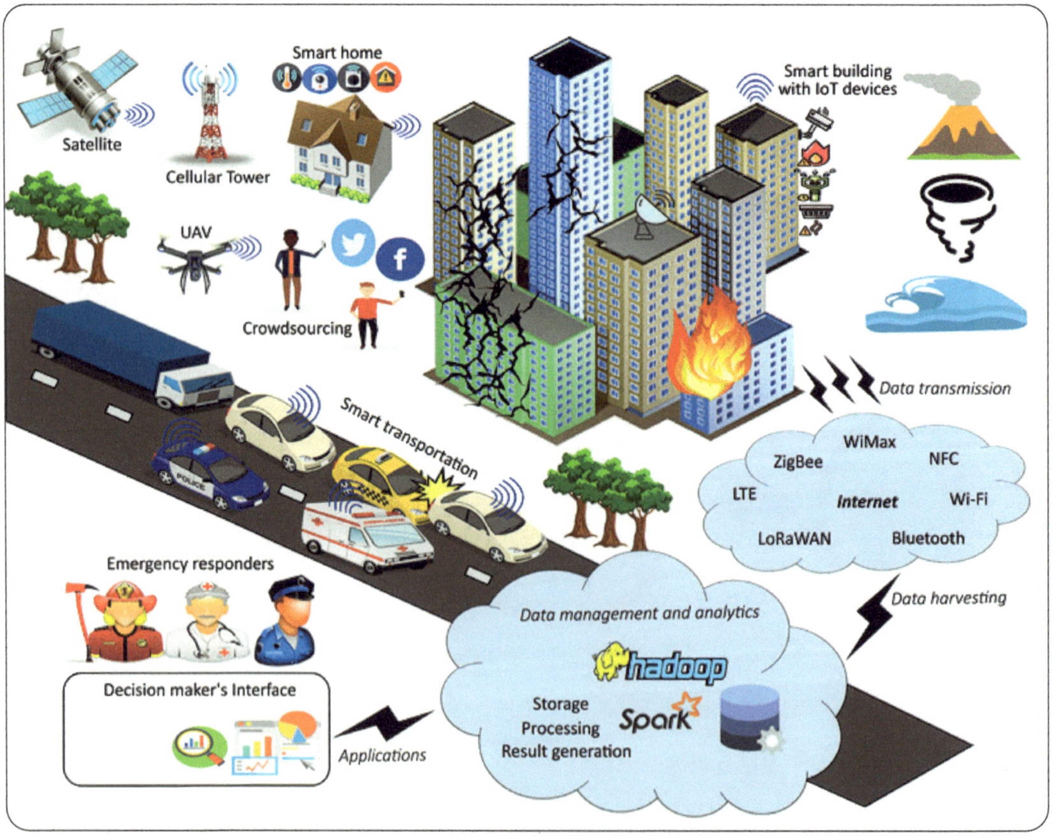

출처 : https://www.researchgate.net/figure/General-illustration-of-BDA-and-IoT-based-disaster-management-environment_fig1_332665537

이라 칭함.), 스캐너(Scanner) 등의 이미지 관련 영상 데이터, 사물과 사물 간에 주고받는 사물 인터넷(Machine to Machine: M2M) 관련 데이터 등에서 수많은 정보가 생성되고 있다. 빅데이터가 점차 증가하면서 다양한 종류의 대규모 데이터로부터 저렴한 비용으로 가치를 추출하기 위한 데이터의 초고속 수집, 발굴, 분석을 지원하도록 고안된 차세대 기술 및 아키텍처(Architecture)까지를 포괄하는 광의(廣義)의 개념으로까지 확장하고 있다.

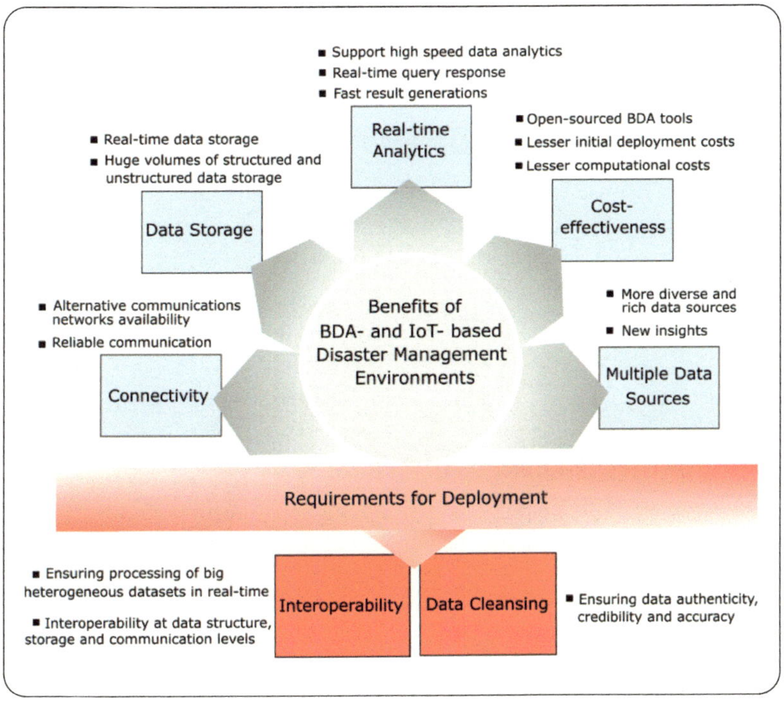

출처 : https://www.researchgate.net/figure/Benefits-and-Requirements-of-BDA-and-IoT-based-Disaster-Management-Environments_fig3_332665537

4 인공지능 정의 및 종류(Type of AI)

인공지능(AI)은 학습, 문제 해결, 패턴 인식 등 인간이 지닌 지적 능력을 컴퓨팅 환경에 알고리즘을 생성하고 적용하여 구현하는 기술을 뜻한다. 쉽게 풀자면, 컴퓨터가 사람처럼 사고 할 수 있게 만드는 기술이다.

인공지능의 개념은 1956년에 처음 도입되었다. 이후 수많은 전문가들에 의해 데이터 처리 수준이 증가하고 저장 기능이 향상되었다. 현재는 머신러닝과 딥러닝 등의 기술이 접목되어 인공지능이 사람을 뛰어넘을 정도가 되었다.

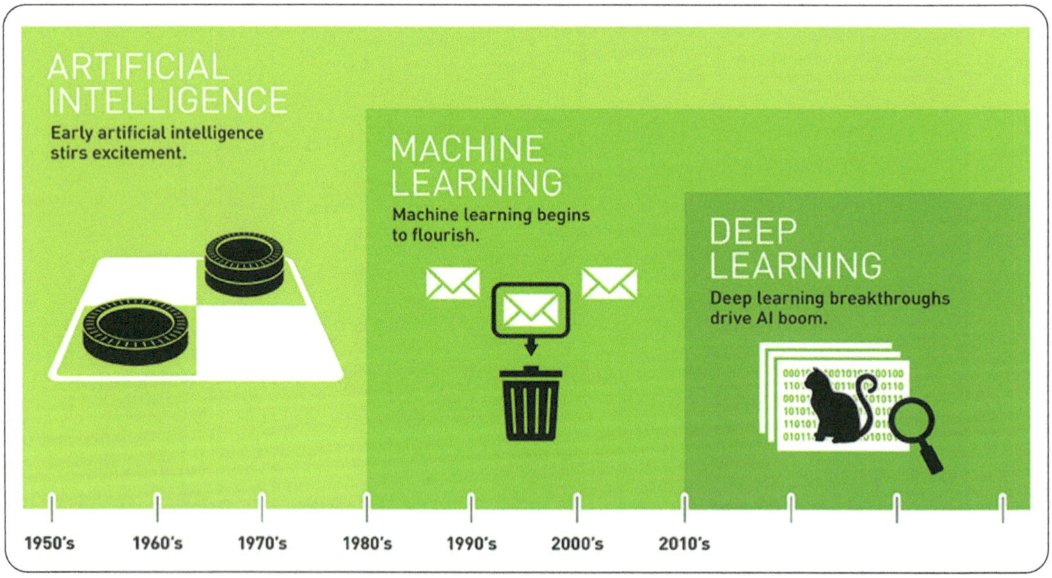

출처 : https://miiafrica.org/2017/04/10/deep-learning-google-tensorflow-ibm-watson-and-ai-conversational-systems/

머신러닝은 인공지능을 구현하는 대표적인 기계학습 방법으로, 사람이 일일이 프로그래밍 할 필요 없이 컴퓨터가 대량의 데이터를 접했을 때 스스로 규칙을 학습할 수 있도록 알고리즘을 만드는 것이다. 딥러닝은 여기서 한 발짝 더 나아간 개념이다. 학습에 필요한 데이터를 사람이 제공해야 했던 머신러닝과 달리, 데이터를 스스로 학습하고 자체 신경망을 통해 예측의 정확성을 판단할 수 있다는 차이점이 있다. 인공지능 기술은 다양한 분야에 응용되고 있다.

1) 전문가 시스템(Expert System)

인공지능 기술 응용 분야 중에서 가장 활발한 영역이며 특정 문제에 대한 전문적인 지식을 컴퓨터에 기억시키고, 시스템화하여 비전문가도 전문지식을 활용할 수 있도록 하는 시스템이다. 대표적인 예시로 의료 진단 시스템, 설계 시스템을 들 수 있다.

2) 자연어 처리(Natural Language Processing)

인간의 언어, 억양 및 맥락을 컴퓨터가 이해할 수 있도록 돕는 인공지능의 한 분야이다. 딥러닝 기반의 자연어 처리 기술은 대량의 텍스트로부터 의미 있는 정보를 추출하고 기계 번역, 챗봇 등이 자연어 처리 기술을 활용하는 분야이다.

3) 데이터 마이닝(Data Mining)

보유한 데이터를 분석하여 유용한 정보를 추출해 조합하는 기술을 뜻하며 방대한 양의 데이터 속에서 특정 패턴을 뽑아내고 통계적인 방식으로 가치를 부여한다. 해당 기술은 위험 및 생산성 관리, 시장 분석, 시스템 설계 등에 활용된다.

4) 컴퓨터 비전(Computer Vision)

컴퓨터의 시각적인 부분을 연구하여 디지털 이미지, 비디오 등에서 의미 있는 정보를 추출하는 기술이다. 컴퓨터 비전은 우리에게 익숙한 안면 인식에 활용되고 있으며 인간의 시각으로는 판단하기 어려운 부분을 컴퓨터가 분석하는 영역이다.

5) 지능로봇(Intelligent Robots)

인공지능 기술을 활용한 로봇을 통칭하며 외부환경을 인식하여 스스로 상황을 판단하고 자율적으로 움직이는 기계이다. 우리가 상상하는 인공지능의 대표적인 이미지가 지능로봇에 해당된다.

6 빅데이터와 인공지능기술을 이용한 재난관리(Disaster Management using Bigdata & AI)

재난대상체(주민)의 확인

빅데이터 기술은 긴급 대응 기관이 대피 중 가장 많은 도움이 필요한 어린이, 아기, 노인 등의 주민집단을 우선순위로 지정하는 데 도움을 준다. 움직이기 힘든 환자나 장애인도 마찬가지다. 자연재해는 일부 지역에서는 드문 일이지만 만약 이런 일이 발생했을 때 재난관리자(공무원)와 의료 전문가는 취약 계층에게 적시에 도움을 줄 수 있어야 한다.

실시간 통신을 통한 재난대응

빅데이터는 구조대원들이 실시간 의사소통을 원활하게 하는 데 도움이 된다. 예를 들어 응급 관리자는 이 기술을 사용해 주민들이 위기 상황에서 어떻게 대응해야 하는지 결정할 수 있다. 이런 기술은 재난이 일어나기 전, 일어나는 도중, 일어난 후에 사람들에게 큰 도움이 된다. 특히 매핑, 모바일 기술, 소셜미디어, 크라우드 소스 번역 등이 자주 사용된다. 예를 들어 빅데이터는 아이티 대지진과 같은 자연 재해가 발생한 후 피난민의 흐름을 예측할 수 있다. 그리고 빅데이터는 긴급 대응의 효과에 영향을 미칠 수 있는 중첩과 격차를 해결하기 위해 위기 발생 후 대응의 일환으로 다양한 조정을 처리한다. 재난 이후 대책을 짜기 위해서는 보다 분석적이고 통찰력 있고 포괄적인 방법이 필요하며, 이때 사용할 수 있는 것이 빅데이터 기술이다.

비상대응계획의 수립

빅데이터를 사용해 지역 거주민들이 어떻게 이동하는지 계획 및 관리 할 수 있다. 그리고 사람들은 이 데이터를 활용해 부적절한 대응책이나 성공적이었던 대응책을 식별할 수 있다. 즉 대응책의 약점을 파악할 수 있는 것이다. 이렇게 기존 대응책의 약점을 파악해두면 다음에 재해가 발생했을 때 더 적절하게 대처할 수 있다. 그리고 이런 지식은 재난 대응 관리자가 지리 정보와 매핑 데이터 및 실시간 이미지를 결합하는 데 도움이 된다.

easy-to-understand BASIC DISATER SCIENCE

REFERENCE(참고문헌)

1. Abrar Ul Haq Wani, Mohamed El-Shazly, S.s. Randhawa(2021), Accentuating One Health perspectives of Covid-19, The Science World A monthlyeMagazine
2. Advisory Group to SRSG on the Post-2015 Framework for Disaster Risk Reduction
3. Anawat Suppasri, Elizabeth Maly, Miwako Kitamura(2021), Cascading disasters triggered by tsunami hazards: A perspective for critical infrastructure resilience and disaster risk reduction, International Journal of Disaster Risk Reduction
4. Binod Tiwari, Kyoji Sassa, Peter T. Bobrowsky, Kaoru Takara, Understanding and Reducing Landslide Disaster Risk: Volume 4 Testing, Modeling and Risk Assessment (ICL Contribution to Landslide Disaster Risk Reduction)
5. Brittany Brand, Pamela McMullin-Messier, Unit 1: Hazards, vulnerability and risk
6. Colin McQuistan(2015), Why Technology Justice is Critical for the Climate Negotiations: Delivering on Loss and Damage, Practical actiuon
7. David M. Johnston, ,Massey University, Douglas Paton(2005), Measuring tsunami preparedness in coastal Washington, Natural Hazards
8. Dirk Helbing, Hendrik Ammoser, Christian Kühnert(2006), Disasters as Extreme Events and the Importance of Network Interactions for Disaster Response Management, Extreme Events in Nature and Society
9. Gemma Cremen , Carmine Galasso, John McCloskey (2022) Modelling and quantifying tomorrow's risks from natural hazards Science of the Total Environment
10. Ghaleb Faour(2004), FOREST FIRE FIGHTING IN LEBANON USING REMOTE SENSING AND GIS, Technical Report
11. Hafez Mohamed Hafez, Youssef A Attia, Fulvia Bovera(2021), Influence of COVID-19 on the poultry production and environment, Environmental Science and Pollution Research
12. Hassan Ragab El-Ramady, Abhishek Singh, Vishnu D. Rajput(2021), A New Dimension in

the Era of COVID-19, Environment Biodiversity and Soil Security

13. Heat exhaustion and heast stroke infographic
14. http://beachareanews.com/wp-content/uploads/2017/10/SIAT-CT-English.pdf
15. http://joupia.net/bbs/skin/ggambo7002_boardgallery/print.php?id=glo_08_03&no=3
16. http://qcpages.qc.cuny.edu/~gperrone100/earthquake.html
17. http://sonaki.pe.kr/earth1/txt/1323.html
18. http://thebritishgeographer.weebly.com/floods-and-river-management.html
19. http://tsunami.org/what-causes-a-tsunami/
20. http://www.ingciv.polimi.it/en/percorsi/earthquake/
21. http://www.marineheatwaves.org/all-about-mhws.html
22. https://abilenetx.gov/978/Epidemics-and-Pandemics
23. https://apps.peer.berkeley.edu/grandchallenge/home/
24. https://chemicalengineeringworld.com/types-of-hazards-in-industry/
25. https://climatereanalyzer.org/
26. https://coastalscience.noaa.gov/news/model-quantifies-increased-flood-debris-risk-in-southern-california-after-wildfires/
27. https://commons.wikimedia.org/wiki/File:Hurricanes,_cyclones,_and_typhoons.jpg
28. https://dribbble.com/tags/drought
29. https://engineering.virginia.edu/departments/chemical-engineering/laboratory-safety/chemical-hazards
30. https://environmentagency.blog.gov.uk/2019/11/12/autumn-flooding/
31. https://eschool.iaspaper.net/types-floods-definition-causes-prevents/types-of-floods/
32. https://floodadapt.eoc.dlr.de/
33. https://gml.noaa.gov/education/lesson_plans/index.html

34. https://iwa-network.org/a-smart-approach-towards-climate-change/

35. https://kalchi09.tistory.com/entry/%EC%A7%80%EC%A7%84%ED%8C%8C-P%ED%8C%8C%EC%99%80-S%ED%8C%8C-%EC%9D%B4%ED%95%B4%ED%95%98%EA%B8%B0

36. https://ko.m.wikipedia.org/wiki/%ED%8C%8C%EC%9D%BC:Tectonic_plate_boundaries.png

37. https://ko.wikipedia.org/wiki/%ED%81%B0%EB%A9%94%EA%B8%B0

38. https://livingwithdrought.com/what-is-drought/

39. https://lsintspl3.wgbh.org/en-us/lesson/kend19-il-droughtbasicsil/7

40. https://m.newspim.com/news/view/20210727000854

41. https://m.post.naver.com/viewer/postView.nhn?volumeNo=13287197&memberNo=31087466&navigationType=push%20edited%20by%20kcontents

42. https://m.sedaily.com/NewsView/1RVM1MC1A6#cb

43. https://multisectordynamics.org/2022/09/12/the-challenges-of-dynamic-vulnerability-and-how-to-assess-it/

44. https://myrepublica.nagariknetwork.com/amp/iterated-floods-and-landslides-in-nepal-causes-consequences-and-ways-forward/news.html.twig

45. https://news.sbs.co.kr/news/endPage.do?news_id=N1001113342

46. https://pilebuck.com/engineering/landslide-mitigation-techniques/

47. https://pixabay.com/vectors/emergency-disaster-landslide-4314552/

48. https://post.naver.com/viewer/postView.nhn?volumeNo=29252170&memberNo=40848952&searchKeyword=%ED%95%B4%EC%96%91%EC%98%A4%EC%97%BC&searchRank=185

49. https://pressbooks.cuny.edu/gorokhovich/chapter/landslide-causes-and-triggering-mechanisms/

50. https://rvtgroup.co.uk/insights-resources/free-poster-dust-hazards-cartoon,

51. https://safetyculture.com/topics/electrical-hazards/

52. https://slideplayer.com/slide/12716552

53. https://smcqc.edu.ph/news/safety-bulletin-no-3-emergency-preparedness-earthquake-preparedness

54. https://stock.adobe.com/images/Climate-change-mitigation-and-adaptation-actions-for-future-outline-diagram.-Lab/463576536?as_campaign=TinEye&as_content=tineye_match&clickref=1011lwMZGWwj&mv=affiliate&mv2=pz&as_camptype=domain&as_channel=affiliate&as_source=partnerize&as_campaign=tineye

55. https://stock.adobe.com/kr/images/causes-of-climate-change-and-global-warming-reasons-outline-collection-set-labeled-educational-list-with-ecological-problems-greenhouse-gases-pollution-and-environmental-damage-vector-illustration/505428681

56. https://stock.adobe.com/kr/search?k=Tsunami+Disaster+Formation+Diagram&search_type=usertyped&asset_id=502748349

57. https://thebiologynotes.com/epidemic-causes-types-and-response/

58. https://thefloodhub.co.uk/landscapes-to-lifescapes-2/

59. https://vimeo.com/453188581

60. https://wfca.com/articles/effects-of-wildfires-on-the-environment/

61. https://wires.onlinelibrary.wiley.com/doi/10.1002/wat2.1407

62. https://www.alamy.com/this-image-may-not-be-used-to-state-or-imply-noaa-endorsement-of-any-company-or-product-polar-vortex-and-jet-stream-illustrations-showing-the-the-cau-image335302281.html?irclickid=w8azFjX4kxyNWk8y4XTc41x9UkAX1MVR5TNU3c0&utm_source=77643&utm_campaign=Shop%20Royalty%20Free%20at%20Alamy&utm_medium=impact&irgwc=1

63. https://www.bbc.com/korean/news-45715212

64. https://www.bbc.com/news/science-environment-58073295

65. https://www.bbc.com/news/science-environment-58073295

66. https://www.bbntimes.com/environment/is-deep-learning-useful-for-disaster-management

67. https://www.bbntimes.com/environment/is-deep-learning-useful-for-disaster-management

68. https://www.cgenarchive.org/nanaimo-hazards.html

69. https://www.fao.org/documents/card/en/c/cb7085en

70. https://www.franciscanhealth.org/community/blog/hypothermia-signs-first-aid-and-prevention

71. https://www.freeimages.com/kr/premium-clipart/disaster-icons-black-series-6707399

72. https://www.fs.usda.gov/managing-land/sc/drought

73. https://www.gidrm.net/en/products/local-flood-early-warning-systems

74. https://www.howitworksdaily.com/how-a-tsunami-works/

75. https://www.iqair.com/ko/newsroom/wildfires-increasing-or-decreasing

76. https://www.istockphoto.com/kr/%EB%B2%A1%ED%84%B0/%EC%9E%90%EC%97%B0-%EC%9E%AC%ED%95%B4-%EC%84%A4%EC%A0%95-%EC%83%89%EC%83%81-gm1201099616-344304219

77. https://www.istockphoto.com/kr/%EB%B2%A1%ED%84%B0/%EC%9E%90%EC%97%B0-%EC%9E%AC%ED%95%B4-%EC%9D%B8%ED%8F%AC%EA%B7%B8%EB%9E%98%ED%94%BD-gm1201099618-344304220

78. https://www.istockphoto.com/kr/%EB%B2%A1%ED%84%B0/%EC%A7%80%EC%A7%84-%EC%95%88%EC%A0%84-%EC%A0%88%EC%B0%A8-gm474985235-35332546

79. https://www.itc.nl/ilwis/applications-guide/application-5/

80. https://www.joboneforhumanity.org/

81. https://www.keysigns.co.uk/signs-c2/safety-signs-c3/hazard-warning-signs-c4/harmful-substances-and-chemicals-warning-signs-c20/warning-dust-hazard-signs-p883

82. https://www.korea.kr/news/examPassView.do?newsId=148687097#examPass

83. https://www.latimes.com/environment/story/2021-10-07/climate-change-

supercharging-california-heat-waves

84. https://www.linkedin.com/pulse/how-houses-built-earthquake-resistant-asad-ali

85. https://www.marekbros.com/newsroom/blog/weekly-toolbox-talk-heavy-rain-hazards

86. https://www.newmetrics.net/insights/see-your-new-normal-with-scenario-planning/

87. https://www.noaa.gov/jetstream/tsunamis/detection-warning-and-forecasting

88. https://www.pngegg.com/en/png-orodx

89. https://www.preventionweb.net/understanding-disaster-risk/component-risk/disaster-risk

90. https://www.projecthope.org/4-facts-what-is-a-complex-crisis/07/2022/

91. https://www.publicsafety.gc.ca/cnt/rsrcs/pblctns/vltn-ntnl-dsstr-mtgtn-prgrm-2019/index-en.aspx

92. https://www.reidsteel.com/steel-buildings/resilient-steel-structures/earthquake-resistant-building/

93. https://www.safeopedia.com/definition/739/fire-hazards

94. https://www.sciencephoto.com/media/167233/view/illustration-of-an-18th-century-earthquake

95. https://www.shakeout.org/schools/

96. https://www.shutterstock.com/ko/image-illustration/threedimensional-illustration-sun-wearing-glasses-decoration-2279484251?irclickid=X33zGFX75xyNTXjR3dwwdSjrUkAX1N355TNU3c0&irgwc=1&utm_campaign=TinEye&utm_content=108110&utm_medium=Affiliate&utm_source=77643&utm_term=

97. https://www.shutterstock.com/ko/image-illustration/tsunamis-generated-by-submarine-earthquakes-travel-490135354

98. https://www.slideshare.net/FundacionAreces/ibon-galarraga-la-transicin-energtica-en-europa-y-el-cambio-climtico

99. https://www.slideshare.net/mae_1885/earthquake-safety-in-schools-philippines

100. https://www.slideteam.net/disaster-management-process-and-signifiance-powerpoint-presentation-slides.html

101. https://www.un-spider.org/satellite-telecommunications-tsunami-early-warning-systems

102. https://www.vecteezy.com/vector-art/2628450-warning-signs-industrial-hazards-icon-labels-sign

103. https://www.weather.gov/cys/burnscarflashflood

104. https://www.who.int/health-topics/heatwaves#tab=tab_

105. https://www.who.int/health-topics/heatwaves#tab=tab_

106. https://www.who.int/news-room/fact-sheets/detail/climate-change-heat-and-healt

107. https://www.who.int/news-room/fact-sheets/detail/climate-change-heat-and-health

108. Ignacio Aguirre-Ayerbe, M.s. Jara, íñigo Aniel-Quiroga(2018), From tsunami risk assessment to disaster risk reduction - The case of Oman, Natural Hazards and Earth System Sciences

109. Incorporating Science and Technology for Disaster Reduction, the Japanese Experience Satoru NISHIKAWA Ph.D Executive Director of Research, JCADR

110. Incorporating Science and Technology for Disaster Reduction, the Japanese Experience Satoru NISHIKAWA Ph.D Executive Director of Research, JCADR Advisory Group to SRSG on the Post-2015 Framework for Disaster Risk Reduction

111. Jan Oetjen, V. Sriram, Klaus R. Reicherter(2022), A comprehensive review on structural tsunami countermeasures, Natural Hazards

112. Jaroslav Mysiak, Anil Markandya(2009), ECONOMIC COSTS OF DROUGHTS, XEROCHORE WP2 BRIEF

113. Joao C. Duarte, Wouter P. Schellart(2016) Introduction to Plate Boundaries and Natural Hazards, Plate Boundaries and Natural Hazards

114. Mariana Madruga de Brito, Mariele Evers, Britta Höllermann(2017), Prioritization of flood vulnerability, coping capacity and exposure indicators through the Delphi technique: A

case study in Taquari-Antas basin, Brazil International Journal of Disaster Risk Reduction

115. Member, Science Council of Japan Academic Board Member, Institute of Social Safety Science February 2018

116. Member, Science Council of Japan Academic Board Member, Institute of Social Safety Science February 2018,

117. Miguel A. Altieri(2015), Didactic tool for the design, management and assessment of climate change resilient farming systems, Third World Network

118. Mike G Winter(2016), A Strategic Approach to Debris Flow Risk Reduction on the Road Network, Procedia Engineering

119. P Baldock, D Burdett, Pierce Corcoran(2009) An Integrated Approach for Disaster Risk Reduction Using Spatial Planning and SDI Platform. In: Ostendorf B AN INTEGRATED APPROACH FOR DISASTER RISK REDUCTION USING SPATIAL PLANNING AND SDI PLATFORM, roceedings of the Surveying & Spatial Sciences Institute Biennial International Conference

120. Ross D Collins(2012), Forest Fire Management in Portugal: Developing System Insights through Models of Social and Physical Dynamics, Massachusetts Institute of Technology

121. S.N. Jonkman, Tomohiro Yasuda, Vana Tsimopoulou(2012), ADVANCES IN COASTAL DISASTERS RISK MANAGEMENT-LESSONS FROM THE 2011 TOHOKU TSUNAMI, Coastal Engineering Proceedings

122. Scapaticci, S., Neri, C.R., Marseglia, G.L. et al(2022), The impact of the COVID-19 pandemic on lifestyle behaviors in children and adolescents: an international overview. Ital J Pediatr

123. Sharun Khan, Ruchi Tiwari, Abdulrahman A. Saied, Kuldeep Dhama(2021), SARS-CoV-2 vaccine for domestic and captive animals: An effort to counter COVID-19 pandemic at the human-animal interface, Vaccine

124. Turnbull, M. Sterrett, C.; Hilleboe, A. (2013) Toward Resilience : A Guide to Disaster Risk Reduction and Climate Change Adaptation. Practical Action Publishing: Warwickshire.

125. Tzoraki O, Dimitrova S, Barzakov M, Yaseen S, Gavalas V, Harb H, Haidari A, Cahill BP,

Ćulibrk A, Nikolarea E, Andrianopulu E, Trajanovic M(2021), The Impact of the COVID-19 Pandemic on the Working Conditions, Employment, Career Development and Well-Being of Refugee Researchers. Societies

126. Waluyo Hatmoko, Robertus Wahyudi Triweko(2013), Water Resources Drought: Hydrological Drought in Developed River Basins, 4th International Seminar of HATH

127. www.freepik.com/premium-vector/cartoon-forest-fire-burning-trees-wildfire-natural-disaster-effect-climate-change-global-warming-bushfire-flames-vector-illustration_24656150.htm

128. https://miiafrica.org/2017/04/10/deep-learning-google-tensorflow-ibm-watson-and-ai-conversational-systems/

129. https://blogs.egu.eu/divisions/nh/category/disaster-risk-reduction/page/5/

130. https://www.researchgate.net/figure/General-illustration-of-BDA-and-IoT-based-disaster-management-environment_fig1_332665537

131. https://www.researchgate.net/figure/Benefits-and-Requirements-of-BDA-and-IoT-based-Disaster-Management-Environments_fig3_332665537

132. https://miiafrica.org/2017/04/10/deep-learning-google-tensorflow-ibm-watson-and-ai-conversational-systems/

easy-to-understand BASIC DISATER SCIENCE

INDEX(용어 정리)

CHAPTER 01 용어정의

CHAPTER 02 지진

CHAPTER 03 쓰나미

CHAPTER 04 사이클론

CHAPTER 05 홍수

CHAPTER 06 가뭄

CHAPTER 07 산사태

CHAPTER 08 산불

단어	페이지	단어	페이지
산불	65	환경적 원인	66
인위적 원인	67	집수지역	68
생물 다양성	68	자연 재생	68
카본싱크	68	토양 생산성	68
국가 화재 위험 등급 시스템	72	산림 연료	72

CHAPTER 09 산업 재해

단어	페이지	단어	페이지
산업 재해	73	기계적 위험	73
화학적 위험성	73	먼지(분진) 위험	73
사고기록	73	접촉 방지	75
보호복	79	안면 마스크	79
화재위험 원인	80	수성 발포체	80

CHAPTER 10 전염병

단어	페이지	단어	페이지
전염병	83	대유행	83
원생동물	84	돌연변이	84
유행병	85	합병증	86
질병 매개체	86	질병 감시	90
항생제	90	백신	90

CHAPTER 11 폭염

단어	페이지	단어	페이지
폭염	91	열 스트레스	91
고기압	92	온도	92
햇빛	92	탈수	93
완화	96	사망률	96
질병률	96	지역사회	96

CHAPTER 12 한파

CHAPTER 13 기후변화

CHAPTER 14 복합재난

CHAPTER 15 미래재난

CHAPTER 16 빅데이터/인공지능과 재난

| 저자 소개

김병식 - 국립 강원대학교 AI소프트웨어학과/
방재전문대학원 교수
- AI기후재난기술융합연구소 연구소장
- 국가 빅데이터 포럼 방재분과 위원장
- 한국방재학회 하천방재위원회 위원장
- 한국수자원학회 편집위원장
- 한국방재안전학회 부회장

이두호 - 국립 강원대학교 AI소프트웨어학과 부교수
- AI기후재난기술융합연구소 연구부소장
- 한국방재안전학회 이사
- 한국시뮬레이션학회 편집위원

알기 쉬운 기초 재난학 **정가 18,000원**

저자 : 김병식 · 이두호

발행인 : 임해진
발행처 : 도서출판 구미서관

발행 : 2023년 9월 27일

등록 : 1979년 6월 29일 No.9-6호

주소 : 서울시 마포구 신촌로2길 5-15
전화 : 02-333-1101
팩스 : 02-335-2201
http://www.goomibook.com

ISBN 979-11-6257-270-2 (93530)

저자와의 협의 하에 인지를 생략합니다.
파본이나 잘못된 책은 교환하여 드립니다.